矿井三维实时数字通风系统研究与开发

Kuangjing Sanwei Shishi Shuzi Tongfeng Xitong Yanjiu Yu Kaifa

梅甫定　龚君芳　编著

内容简介

本书以矿井通风系统作为研究对象,基于框架-插件的结构设计方法,设计了一个框架、六个功能插件和四个图层插件。六个功能插件分别为井巷三维可视化建模插件、通风实时数据动态查询与预警插件、通风网络解算与调节插件、通风机性能测定插件、通风网络可靠性分析与优化插件、通风日常报表管理插件。四个图层插件则分别为巷道图层、风机图层、巷道骨架线图层和风流方向图层。本书以 MapGIS 为系统开发平台,以 Visual C++ 为系统开发工具,开发了一套矿井三维实时数字通风系统,并已用于多对矿井。

本书既可供从事矿山通风管理工作的工程技术人员和从事矿山通风科研工作的科技工作者使用,也可供高等院校采矿工程、安全工程等专业的师生参考。

图书在版编目(CIP)数据

矿井三维实时数字通风系统研究与开发/梅甫定,龚君芳编著. —武汉:中国地质大学出版社,2016.3

ISBN 978-7-5625-3808-0

Ⅰ. ①矿…

Ⅱ. ①梅…②龚…

Ⅲ. ①矿井通风系统-数字系统-研究

Ⅳ. ①TD724-39

中国版本图书馆 CIP 数据核字(2015)第 322415 号

矿井三维实时数字通风系统研究与开发		梅甫定 龚君芳 **编著**	
责任编辑:徐润英		责任校对:徐 梅	
出版发行:中国地质大学出版社(武汉市洪山区鲁磨路388号)		邮编:430074	
电 话:(027)67883511 传真:(027)67883580		E-mail:cbb@cug.edu.cn	
经 销:全国新华书店		http://www.cugp.cug.edu.cn	
开本:787毫米×1 092毫米 1/16		字数:170千字	印张:6.75
版次:2016年3月第1版		印次:2016年3月第1次印刷	
印刷:武汉市籍缘印刷厂		印数:1—500册	
ISBN 978-7-5625-3808-0		定价:48.00元	

如有印装质量问题请与印刷厂联系调换

前　言

　　矿井通风系统是一个复杂的动态三维空间网络，这一动态特征决定了需要对该系统进行实时评估，判断是否满足通风之功能。若不满足要求，则需对系统及时进行调整，即进行通风系统的优化。通风系统的实时评估与优化调整正是日常通风管理的难点之所在。长期以来，通风系统的优化主要依靠经验或静态的通风网络解算来完成，显然这不符合通风系统的动态特征，当然也难以满足要求。国内外的学者一直在探索解决这个问题，迄今为止，这个问题还没有得到很好的解决。

　　数字化、信息化代表着矿山技术的前沿，是今后矿业发展的一个重要趋势。本书以矿井通风系统为研究对象，以 MapGIS 为开发平台，以矿井通风理论、三维建模技术、虚拟现实技术、面向对象程序设计、数据传输技术、OA 技术、可视化技术以及计算机图形学理论为依托，通过对若干关键技术的研究，建立了一个科学逼真的矿井三维实时数字通风系统，实现了面向专业分析功能的系统信息可视化、智能化、网络化、集成化，极大地提高了矿井通风管理水平和矿井抗风险能力。

　　在系统的研发过程中，先后在冀中能源峰峰集团与河南鹤壁煤电股份公司下属部分矿井进行了测试，充分吸收了当地通风领域专家与煤矿通风一线管理人员的建议，大大地提高了系统的实用性和科学性。

　　本书的特色与创新点为：

　　（1）开发了三维实时数字通风系统，首次实现实时通风监测信息与三维通风系统巷道模型的结合，实现了在立体场景中对实时通风监测信息的可视化、可靠性分析、预警与通风系统优化。

　　（2）基于信息分层管理技术，成功地进行了矿井通风系统几何参数和各种动态参数的有机融合，实现了矿井通风参数数据在三维通风立体图上的实时动态可视化。

　　（3）研发出数字通风系统的结构、基础功能与图层等相对独立的独立插件/框架，用户可对数字通风系统插件进行组装、扩展。

　　作者在多年从事矿井通风科研工作的基础上，参考并吸收了国内外学者在这方面的研究成果，编写了此书，以供广大科技工作者参考使用。中国地质大学（武汉）赵云胜教授、刘修国教授为本书的完成给予了很大的帮助。林增勇、于胜男、李源汇、杨柳也做了很多有益工作，在此一并感谢。

　　由于作者水平有限，书中不妥和错误之处敬请读者赐教，将不胜感激。

作　者
2015 年 9 月

目 录

第1章 矿井通风系统软件研究现状 (1)
　§1.1 研究背景 (1)
　§1.2 通风系统软件国外研究现状 (1)
　§1.3 通风系统软件国内研究现状 (3)

第2章 三维实时数字通风系统总体设计 (6)
　§2.1 数字通风系统需求分析 (6)
　§2.2 系统开发工具与运行环境 (8)
　§2.3 系统结构设计 (10)

第3章 井巷三维可视化系统 (17)
　§3.1 三维可视化模型构建关键技术 (17)
　§3.2 图形变换数学模型 (19)
　§3.3 三维可视化模型开发 (22)
　§3.4 三维可视化功能 (25)
　§3.5 三维巷道漫游 (31)

第4章 矿井通风监测与预警系统 (33)
　§4.1 矿井安全生产监控系统主要性能与技术指标 (33)
　§4.2 矿井安全监测参数 (34)
　§4.3 传感器选择 (37)
　§4.4 传感器布置 (40)
　§4.5 实时数据通信 (48)
　§4.6 通风预警系统 (51)

第5章 通风辅助决策系统 (58)
　§5.1 通风网络图绘制 (58)
　§5.2 通风网络解算 (62)
　§5.3 通风网络调节 (65)
　§5.4 风机性能曲线处理 (68)
　§5.5 通风系统可靠性分析 (70)
　§5.6 通风系统优化分析 (74)

第6章 软件功能开发与应用 (78)
　§6.1 大淑村矿现状 (78)
　§6.2 系统测试与界面 (79)
　§6.3 井巷三维可视化应用 (83)
　§6.4 矿井通风监测与预警应用 (87)
　§6.5 通风辅助决策系统应用 (89)

主要参考文献 (97)

第1章 矿井通风系统软件研究现状

§1.1 研究背景

矿井通风系统是指向井下作业地点供给新鲜空气，排除污浊空气的通风网络、通风动力和通风控制设施的总称。矿井通风系统是一个复杂的动态三维空间网络，这一动态特征决定了需要对该系统进行实时评估，判断是否满足通风之功能。如果不满足要求，则要对系统及时进行调整，即进行通风系统的优化。通风系统的实时评估与优化调整正是通风管理的难点之所在。长期以来，通风系统的优化主要依靠经验或静态的通风网络解算来完成，显然这不符合通风系统的动态特征，当然也难以满足要求。国内外的学者一直在探索解决这个问题，迄今为止，这个问题还没有得到很好的解决。

本书所提出的三维实时数字通风系统，以矿井通风理论、三维建模技术、面向对象程序设计、数据库传输技术、可视化技术以及计算机图形学理论为依托，综合先进的 GIS 技术及数字三维仿真技术，开发出集井巷三维可视化子系统、风流实时监控与预警子系统、矿井通风辅助决策子系统为一体的数字化通风系统。除了具备通风管理系统的传统功能外，还解决了以下问题：

（1）多系统的集成应用。软件以 MapGIS 地理信息系统平台为基础，与基于网络的监测、监控系统互联，构建出井巷三维可视化子系统、风流实时监控与预警子系统、矿井通风辅助决策子系统，实现了对信息的分布式处理和综合集成应用，满足了多应用系统间数据交互的需求。

（2）动态实时信息处理分析。软件利用网络传输技术进行监测信息的及时准确传递，实现数据的实时可视化监测。以通风网络的实时解算思想为指导，在通风计算过程中导入动态信息，根据网络实时解算结果，对通风系统的安全可靠性进行评估分析。通风系统中需要调整或优化改造部分，软件处理分析系统可以给出调整方式或调整参考值。调整后的通风系统是否安全可靠，结果体现在风流预测预警系统中，用以判别是否达到通风系统的优化要求。

（3）实时数据的三维可视化显示。现阶段已有的部分通风软件实现了巷道的三维可视化，但通风信息的显示仍停留在二维图形上。本软件构建的井巷三维可视化系统完全按照矿井地理信息环境进行模拟，作为矿井逼真的立体缩放，通风系统立体示意图可以直观显示监控数据和井下巷道结构，通过关联实时数据和相应的地理位置，更便于监控数据的查看与管理。

§1.2 通风系统软件国外研究现状

从 1953 年数字计算技术首次应用于矿井通风网络分析以来，经过几十年的发展，出现了许多针对矿井通风系统管理的计算机软件，这些软件对矿井通风系统的模拟越来越完善，也越来越实用。而进入21世纪以来，随着多媒体技术和图形图像技术的快速发展，各类可视化技术、虚拟仿真技术得到了广泛的重视，越来越多的研究人员开始将这些技术应用到矿井通风系统的模拟与分析中，利用其进行图形系统的开发、矿井动态监测系统的改造和矿井地理信息系统的开发与研制等。矿井通风系统软件的研究历程如图1-1所示。

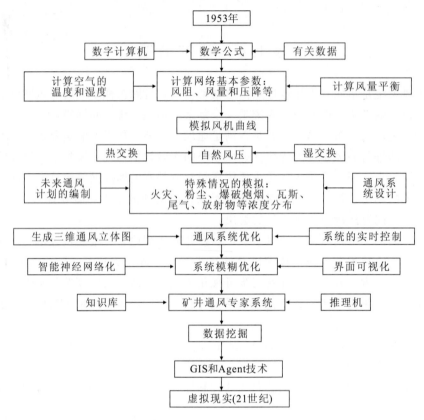

图1-1 矿井通风系统软件研究历程

1953年，英国学者Scott和Hinsley首次将数字计算机技术应用于矿井通风网络分析。1967年，Wang和Hartman开发出包含多风机和自然通风的立体矿井通风网络计算程序，该软件表明用于解决矿井通风基本参数的应用程序走向一个成熟阶段。在这之后，各国的通风研究人员相继开发出了一系列适用于复杂矿井的通风系统分析软件。

1974年，宾夕法尼亚州州立大学Stefanko和Ramani对通风系统网路分析的发展作出了很大贡献。论文《矿井通风系统中柴油废气浓度的数值模拟》研究井下柴油机对通风系统的影响，并提出一系列的相关数学公式，这些数据的有效性得到了相关实测数据的检验。1981年，Greue发表了题为《矿井通风系统污染物和燃烧实时分布的计算》的文章，该文章阐述了矿井发生火灾时矿井通风系统的污染模拟情况。在美国，20世纪90年代以前，代表性的矿井通风模拟软件有：PSU/MVS（Didyk，1974），VENTSIM（Bcklen，1968），MINES（Hitchcock and Hoover，1976），VENTS（Wang and Saperstein，1970；Hartman，1982），VENTPC（Anon，1988），MTU/Mine Ventilation Network Simulation（Greuer，1977），CSM/Vent（Hall，1976）和PENVEN（Anderson and Dvorkin，1978）。在印度尼西亚，普遍采用的是 VentPC2000 通风软件。在西方国家，大多数的矿井通风系统网络解算的应用软件已经商业化，而 MinTech、DataMine 两个软件有很强的影响力。其中应用比较广泛的有：

（1）美国开发的"Ventilation Design 软件"。该软件可以将强制通风与自然通风网络分别以三维图形的方式显示出来，并且支持人机的交互操作。HTME 开发的"VENDIS 软件"通过图形交互显示，为用户提供不同的操作方式。用户可利用键盘或鼠标改变观察视角，通过输入巷道属性、风阻、温度以及节点信息来实现图形的三维显示。美国 MVC 公司开发的"VentPC2003 软件"支持 DXF 格式的文件，系统可直接读取 AutoCAD 图形文件，图形显示功能以不同的颜色区分通风系统的进风、回风状态，同时该软件可以建立通风立体网络图。

（2）澳大利亚开发的"VENTSIM 软件"。该软件给出多种信息输入端口，用户可以通过直接输入通风信息来参与交互，同时还可以将各种类型的通风构筑物添加到通风网络中。该软件可以模拟井下巷道的瓦斯、温度等通风参数的分布。

（3）英国 R. Burto 和 S. Bluhm 等开发的"VUMA 软件"。该软件为用户提供了二维和三维通风网络图的显示环境，通过模拟巷道内风流的流动状态，可以直观地在图形中显示瓦斯浓度、温度、粉尘等环境参数。

（4）波兰 W. Dziurzy'nski 教授等开发的"VENTGRAPH 软件系统"。该软件功能丰富，具备可视化仿真、网络图绘制、火灾及逃生仿真、巷道模拟、灾害与救护培训、安全监测、数据处理与分析、通风网络与采空区仿真等功能。

§1.3 通风系统软件国内研究现状

国内通风系统软件研发起步较晚。1984 年，沈斐敏等编写了《微型电子计算机在矿井通风中的应用》的讲义，并于 1992 年改编为采矿专业本科生的教材《矿井通风微机程序设计与应用》，为更多人接触矿井通风网络解算的知识提供了方便。1987 年，原中南矿冶学院吴超在瑞典律勒欧工业大学做访问学者期间，完成专著《Mine Ventilation Network Analysis and Polution simulation》。该专著回顾了国内外矿井通风网络分析的发展历史，阐述了矿井通风网络基本理论并给出了相关的源代码，使用的计算机语言主要是 Fortran77。1991 年，中国矿业大学的张惠忱编写了《计算机在矿井通风中的应用》，为计算机在矿井通风领域进一步应用提供了技术支持。

"通风专家 3.0"开发始于 20 世纪 80 年代中期，经历近 10 年的不断完善，是当时国内较为先进的采矿应用软件，适用于各类井下开采矿山的通风系统优化设计和相关设计。通过该系统设计的国内外大中型矿山已超过 50 座，取得了较好的通风效果和经济效益。"通风专家 3.0"采用汇编语言、编译 BASIC、数据库（FoxPro）等计算机语言综合编程，兼容 DOS 6.22/Windows9x 操作系统，软件系统全部为菜单结构，界面友好，使用简单，支持键盘以及鼠标操作，程序代码简洁，运算速度快。通风专家系统主要由原始数据处理、矿井通风网络解算、通风图绘制、结果报表、风机数据库、知识库等六大模块组成，可对复杂通风系统进行网络生成、网孔圈定、风机优选、网络解算、结果报表生成等；系统可自动记录原始节点坐标，自动组建通风系统网络。此外，还可以采用任意角度和比例生成通风系统立体图以及通风平面图等。

20世纪80年代末到现在，国内各大专院校、科研单位在通风可视化、通风网络解算、通风网络模拟等方面做了大量的研究，开发出一大批矿井通风软件，并成功应用到矿井生产中。除"通风专家3.0"外，其他主要有：

（1）西安科技学院于1992年开发的"CFIRE软件系统"。具有建立在严密数学推导基础上的计算机模拟功能，使得该系统建立了很强的准实战环境能力。

（2）中国矿业大学于1993年开发的"矿井火灾救灾决策支持系统"。该系统具备自动绘制通风系统图、矿井灾害模拟、k条最佳救灾与避灾路线选择等功能。

（3）山东科技大学于1999年开发的"矿井灾变处理系统"。该系统通过矿井火灾模拟，可以显示出矿井火灾发生时的最佳避灾路线。

（4）太原理工大学开发的"虚拟矿井通风系统"。该系统具备巷道立体图形模拟显示；自动或半自动生成矿井通风系统图与通风网络图；对温度、风速、瓦斯浓度等井下通风参数进行实时监测与分析，能够模拟灾变并进行反风调节。

（5）辽宁工程技术大学于2000年开发的"矿井通风仿真系统（MVSS）"，现已升级到MVSS3D.NET版本。MVSS3D.NET的功能主要分为四部分：通风系统的网络化管理、通风网络解算与调节、通风系统改造仿真、通风系统的分析与评价，其中，通风系统的网络化管理功能可实现通风系统数据的实时传输。

（6）北京龙德时代科技发展有限公司开发的"一通三防信息管理系统"。该系统为用户提供主要通防设施或构筑物在井巷模拟图形上的添加、删除与编辑功能，同时完成各类通风报表的管理查询和输出。

（7）北京龙软科技有限公司开发的"通风安全管理信息系统"。该系统能自动生成通风网络图和通风系统立体图，以及通风报表的自动输出；同时该系统还提供了实时查看基于网络的矿井安全监测数据的功能。

（8）煤炭科学研究总院抚顺分院开发的"数字化矿山安全监控系统"。该系统为用户提供了动态浏览煤矿安全监测监控数据的功能，通过数据与图形的有机融合，实现了监测、监控数据的图形化。

（9）中国矿业大学韩文骥等开发的"矿井通风安全预警仿真系统"。该系统为用户提供了煤矿通风管理的多个辅助功能：通风系统的计算机管理、三维巷道模拟的显示、二维图形下的瓦斯等通风参数的实时显示、最短避灾路线模拟显示、事故的分析与预测等。

根据国内通风软件检索结果，列举出软件的主要性能指标如表1-1所示。

从表1-1中可以看出，这些网络分析程序使用的计算机语言各异，有Fortran、Visual Basic和Visual C++等。最常用的迭代方法是Hardy-Cross迭代法。这些程序可以处理多节点、多风机的复杂通风系统，有些还考虑了自然风压的影响。主要输入数据有摩擦风阻、断面尺寸、巷道长度、局部阻力。如果考虑自然风压的影响，则要给出节点的空间位置。大多数程序中，风机特征曲线是给定的，有些还考虑到巷道的漏风。可以用数字化仪来输入网络数据。一般输出数据为各分支的风量、阻力和压降，固定风量分支的调节，风机的工况点，最优叶片安装角，各分支温度，柴油机废气，放射性元素，相关费用，立体矿井通风网络图，有关火灾的数据。一般来说，矿井通风软件有如下功能：①确定矿井通风系统的最优布局；②评判矿井通风网络中风流稳定性和矿井通风网络调节；③分析和估计矿井通风网络参

第1章 矿井通风系统软件研究现状

表 1-1 国内通风软件一览表

作者	推出时间	所用语言	主要结构及功能
赵以蕙	1992	Fortran77	根据多孔介质流体动力学理论，把采空区看作是非均质连续介质；风流在介质中的流动是过渡流，邻近层瓦斯稳定地、均匀地（或非均匀地）涌入采空区，瓦斯在介质中的扩散符合Fick定律，由此建立了系列稳态条件下的数学模型。
刘剑	1993	Fortran CAD 系统	可查询采场剖分信息。根据漏风源、汇位置坐标，可查询对应的单元号是否为边界单元等；根据漏风源、汇的漏风量，计算单元号，确定单元地质区号及渗透系数等；绘制二维和三维的采场域图，漏风源、汇位置及编号图，采场剖分图，流线或流管图，等压线或等压面图等。
刘师少	1994	Foxbase+2.10	程序设计模块化；提供舒适可靠的人机交互工作环境；具有较强的图形处理功能。
谭国运	不详	Fortran77 Dbase-Ⅲ	采用通路法进行风量调节，在计算矿井通风网络调节的同时可以发现通风阻力最大的区段和地点，为降低阻力、改造通风系统提供途径；其次，该系统采用一体化通风管理方法，收到良好效果。
曾无畏	1994	DBASE	包含矿井通风管理中的矿井通风、矿井防突、瓦斯抽放、矿井防火、矿井防尘一、矿井防尘二、安全措施和矿井通风质量评比8个项目，每项中均具有数据的编辑、修改、查询和打印功能。
蒋军成	1995	Fortran	可用于生产矿井的风量优化调节计算和新井通风设计的调风计算；既可进行局部通风网络的风量调节计算，也可进行全矿规模的风量调节计算（包括多风机系统的风量调节计算）。
谢贤平	1995	GWBASI	计算机集散控制系统的管理程序，下级计算机的采样及控制程序。两者之间利用通讯软件相互联系，进行数据交换和信息传递。
黄元平	1995	C语言	软件用户界面良好，使用方便，采用动态内存管理技术可以直接使用扩展内存，因而原则上可用于任意大小的网络优化问题。
杨娟	2001	Visual C++ ODBC	主要包括动态调节系统、数据库系统与矿井通风网络图绘制系统等模块。
李钢 陈开岩	2004	Visual C++ 6.0	矿井通风需风量计算软件。按照矿井风量计算的方法和步骤，并引入特殊条件下的经验公式，利用DAO数据库访问技术，访问原始数据，计算出符合矿井需要的风量，设计人员可从中选取一个最适宜风量。该软件可以用于新矿井的通风设计及生产矿井的风量调节。
袁梅 章壮新	2005	VB6.0	分别用牛顿法、斯考特-恒斯雷法及斯考特-恒斯雷法+塞德尔技巧三种算法编制了矿井自然分风子网络的电算程序。
杜学胜 杨勇	2005	VB6.0 GIS	在Windows平台上采用组件化程序设计方法，将地理信息系统和矢量化的概念引进到矿井通风之中，以VB6.0和地理信息系统控件MapX，开发出矿井通风管理软件，同时利用MapXTheme开发出WebGIS系统。

数，如阻力，风量，温度，湿度，主、局扇参数，粉尘，爆破炮烟，柴油机排放废气浓度等；④对通风系统进行实时控制，制定未来通风计划；⑤数值模拟矿井火灾的发生、发展过程，解算火灾时期矿井通风系统的风流状态，从而对火灾的救灾、避灾进行决策。

第 2 章　三维实时数字通风系统总体设计

　　矿井通风系统的总体设计是矿井通风系统管理和优化设计等必不可少的工作。对矿井通风系统安全有效地设计应建立在科学的通风系统选择及合理确定工作面用风量的基础上。随着我国矿井通风技术从理论到实践整体水平的提高，通风系统从开拓到达产期的风量分配规律以及风流流动规律也逐渐被深入地研究并掌握。利用这些规律指导矿井通风系统的设计已经成为矿井通风领域中的一个重要课题。从我国矿井通风系统设计来看，工程经验类比法在许多矿山实际上已演化为"一矿一方案"，甚至"一局一方案"的非科学的通风系统设计模式。这种模式不是设计方案过于保守，就是不能满足特定工期的需求。真正能经济、有效运行的通风系统很难通过工程经验类比法来得到。另一方面，真正能经济、有效运行的通风系统需要进行大量的计算工作和周密的设计。现场的条件千差万别，在对矿井通风系统稳定特征的许多因素的描述与判断过程中专家经验成分较大，有一定的随意性和不确定性。对于这些不确定性，有经验的专家能够正确地判断，而对一般的工程人员却难以区分，这就会限制科学方法的应用，现场推广应用存在极大的难度甚至是不可能的。因此，利用已知的数据来指导通风系统的设计而且不受地区、人员的限制成了一个突出的问题。

　　飞速发展并迅速普及的计算机技术为复杂通风系统网络分析提供了有力的支持。将计算机技术应用于矿井通风网络解算，输入原始网络数据以及特殊的约束条件后，由计算机完成通风系统的网络解算，预计各条风路中的风量分配，在此基础上选择合理的通风方案和计算正确的网络参数，不仅可以依照国家有关的技术规程和标准进行通风系统的设计，而且可以使科学方法得以推广，发挥其应有的作用。因此，可以预见，矿井三维实时通风系统的开发并推广应用，可以极大地提高矿井通风系统设计与管理的科学化程度，其应用前景十分广阔。

§2.1　数字通风系统需求分析

　　数字矿井通风系统是数字矿山的重要组成部分，目前实用的数字矿井通风系统软件不多，因此，自行开发一套基于 Windows 平台和矿井通风网络解算的软件具有较高的应用价值。

2.1.1　用户需求分析

　　本软件的用户是地下矿山现场的通风技术人员，他们既有相应的专业理论知识，又有一定的工程实践经验，可以直接参与到软件开发工作中。本软件可以为用户在技术决策上给以支持，提高其技术决策的科学性和可靠程度，使工程技术人员从繁杂的矿井通风日常事务中解脱出来。

2.1.2　硬件环境需求分析

　　随着计算机技术的发展与普及，目前我国各矿（区）基本上都配备了大量的计算机及各种外部设备，矿区的设备及技术水平均能满足一般应用软件的运行需求，因此，本系统开发成功后具有广泛的应用前景和推广应用的客观条件。

2.1.3 设计技术需求分析

设计技术需求分析应遵循以下原则：

（1）针对性。系统应从矿井的通风日常管理工作出发，为通风管理人员提供实时有效的决策参考。

（2）实用性。系统应具备良好的人机操作界面，方便用户进行操作管理，系统应为用户提供足够的实用参考价值。

（3）可扩充性。系统应具备可扩展、易维护的基础设计，通过预留多处接口以便实现系统的进一步更新与完善。

（4）完备性。系统的功能应涵盖矿井通风管理的诸多内容，具备三维可视化模拟显示、通风实时监测与预警、通风辅助决策等功能。

（5）动态性。系统由外界输入的信息应具备动态性，系统数据处于实时变化之中，同时保证系统的数据处理由静态向动态转变。

（6）可靠性。系统基础数据的读取与输出、用户针对系统的相关操作都要以系统的正常运行为基础，确保系统结果的可靠性。当出现数据库局部破坏等错误时，系统应体现出及时的纠错能力，同时需要完成数据的备份与恢复。

2.1.4 系统功能需求分析

三维实时数字通风系统所需要实现的主要功能有：

（1）井巷三维可视化模拟显示。目前矿井日常通风安全管理所使用的各类通风图件不具备立体效果，不能直观模拟显示井下全景。系统应具备井巷三维可视化、通风构筑物可视化、通风参数可视化以及通风机运转可视化等功能，以实现三维场景管理、三维动态查询、巷道虚拟漫游等操作。

（2）矿井通风实时监测与预警。当前矿井监控系统提供的实时数据直观性不强，且缺乏分析数据发展趋势的功能。系统应具备在三维仿真系统图上直观显示通风实时信息的功能，并能与监测数据库保持同步的动态更新，能够对监测数据进行曲线分析；系统应具备预警报警功能，当某监测点信号超过所设置的报警界限时，能够产生实时声音、图像、报警信号，管理人员可通过调取报警窗口以查看敏感信息，及时进行报警确认。

（3）矿井通风辅助决策功能。

1）自动绘制通风网络图与通风系统图。系统应具备自动绘制通风网络图与通风系统图的功能；系统可根据巷道节点的三维拓扑关系自动生成直观双线立体系统图，并且可以进行任意旋转和缩放，也可将相关信息自动标注在巷道上。

2）实时通风网络解算。通过导入实时通风参数数据，利用相关通风网络解算方法进行实时通风网络解算，为通风网络调节提供依据。

3）通风网络调节。当前矿井通风网络调节主要依靠经验历经数次调节来完成。系统应根据实时监测数据分析与通风网络解算结果，给出通风调节的参考值或参考方式。

4）矿井主要通风机性能曲线处理。系统提供主扇曲线拟合模块，该模块可拟合出一条二次曲线，同时给出图形和系数，从而达到对通风机的工况及性能分析。

5) 通风系统可靠性分析与优化。依据实时监测信息、预警信息以及网络结算分析结果，系统应具备通风系统安全可靠性分析与网络优化功能。依据通风系统的可靠性分析，针对存在的问题进行通风网络的改造与优化。

6) 通风日常报表管理。矿井的通风日常管理生成的各类报表与数据主要靠手工进行输入、处理，效率较低且易出错。系统应具备自动输出通风日常报表管理的功能。

三维实时数字通风系统功能结构如图 2-1 所示。

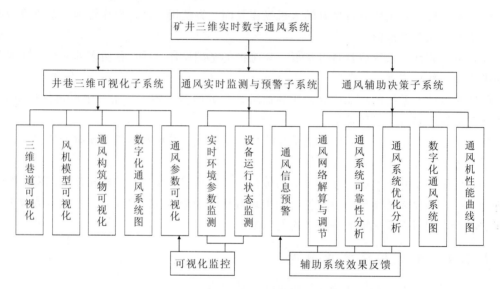

图 2-1 三维实时数字通风系统功能结构图

§2.2 系统开发工具与运行环境

2.2.1 开发平台

矿井实时数字通风系统采用 GIS 系统为平台，充分利用 GIS 软件的现有功能，以构建一体化的解决方案。在比较了多种软件的基础上，选用了武汉中地数码科技有限公司自主产权的新一代国产超大型分布式 GIS 基础软件平台——MapGIS 7.0。MapGIS 7.0 体系结构采用的是多层的思想，面向服务，能高效存储与管理多源异构的海量空间数据，支持三维实时建模与分析，支持分布式计算、共享和集成，支持多模式多粒度的空间信息服务，在面向海量、分布式的国家基础地理设施建设中得到广泛应用。

MapGIS 7.0 主要功能包括数据输入、数据处理、数据库管理和空间分析等，具体如下：

(1) 数据输入。数据输入是空间数据管理和维护的第一步，是 GIS 的关键功能之一。使用 MapGIS 在建立空间地理数据库时，可以接受扫描仪、数字化仪、GPS 等输入手段，可以实现从其他类型的空间数据到空间数据库的建库。

(2) 数据处理。原始空间数据在完成空间数据库建库工作后，为了消除其不一致性、误差等，还需要进行数据编辑、数据校正、消除误差、修整图形、变换坐标等步骤。这些工作主要通过MapGIS的其他数据处理子系统来完成，如图形编辑系统、拓扑编辑系统、投影变换等。

（3）数据库管理。在MapGIS中，通常使用图形数据库来管理空间属性，同时借助专业属性库进行专业属性的管理。

1）图形数据库管理系统。图形子系统是GIS软件的重要组成部分，被用在数据获取、数据处理、数据检索查询和输出的各个过程中，分别扮演数据的存储者、资料的提供者、处理结果的归宿处、绘图展示的各种数据源等角色。

2）专业属性库管理系统。GIS应用非常广泛，面向的具体业务千差万别，空间数据的专业属性也各有不同，因此，MapGIS采用专业动态属性库来完成对不同属性的定义。通过动态属性库，用户能根据业务需求定制属性字段，从而实现在同一软件中管理面向不同应用领域的各类专业属性。

（4）空间分析。空间分析是GIS区别于CAD（计算机辅助制图）的主要特点之一，它提供了数据查询和数据分析功能，主要包括矢量分析、空间分析和数字高程模型DEM三部分。GIS系统的主要特征如下：

1）以空间信息为基础组织数据。GIS管理的数据主要以空间数据为主。这些空间数据具有一定的位置信息和相关属性。空间位置信息一般按照特定经纬网、高斯-克吕格坐标网、UTM坐标网或方里网等基础的地理坐标系统来描述。

2）有多维结构特征。GIS中存储的空间数据一般可以描述多维模式，地理平面坐标位置构成第一和第二维信息，高程或具体专题内容中的专业属性构成第三维或更多维信息。GIS在空间位置和专题属性信息之间通过属性码建立联系，因此对研究空间实体的信息综合提供了可能性，也为实现信息的传递、多层次分析和筛选提供了方便。

3）数据具有规范化和数字化特征。GIS管理的数据在输入和管理过程中经过了规范化和数字化的步骤，适应计算机处理的需要，满足了多要素之间的分析、运算、对比和相关分析的要求。

4）空间数据具有时序特征。随着时间的流逝，空间信息的属性也在变化，因此空间实体的属性信息表现出明显的时间特征。空间信息属性基于时间序列的积累，反映了对应的空间实体的动态变化。结合空间实体的其他属性，可以对空间地物及自然界的发展进行综合分析、反演和预测。

2.2.2 开发语言

C++语言因其灵活性、高效性在大规模软件开发中得到广泛应用，成为主流的开发语言之一。目前主流的GIS软件首选的专业语言同样是C++。Visual C++是微软提供的C++集成开发环境，为开发Windows下的应用系统的不二选择，具有无可比拟的优势。

（1）较强的灵活性。应用Visual C++开发地理信息系统软件时，因C++语言的通用性和使用的广泛性，可以方便地采用多种模式对流程和数据完成操作，可以直接或通过接口与第三方组件、软件等完成协作。

（2）易于扩展。用Visual C++开发的GIS系统，不是在现有系统上的简单的二次开发和应用，也不受相关系统的限制。开发者可以在开发过程中完成技术积累和创新，不断地提高和完善开发技术，构建完整的产品体系。因此可以方便地以此为基础，使其在相关的领域实现不同的辅助设计（CAD）、信息管理系统（MIS）、控制系统（CIS）、决策系统（DSS）、矿井通风仿真系统等，实现各领域的产品线。

（3）具有自主知识版权。开发者使用Visual C++直接开发的系统具有自主知识版权，在一些行业应用和后继发展中具有无与伦比的优势。

Visual C++应用于矿井通风系统：

（1）因矿井通风三维模型、网络图比较复杂且多变，在具体实施环境下需定制部分操作或界面，对软件的可维护性要求较高。Visual C++作为集成开发工具，提供了多种附加工具，并提供了组件开发的支持，这些为开发矿井通风的可维护性提供了有力的技术支撑。

（2）Visual C++支持面向对象的程序设计方法，支持在面向对象的分析与设计时直接对实体进行面向对象的建模，可以借助现有UML等建模工具和语言，构建标准化的软件开发流程，较好地实施软件开发过程，保障软件质量。

（3）Visual C++对于硬件驱动、操作系统底层编程能力强，方便与外部设备的接口对接，容易实现打印、扫描等系统功能。

（4）Visual C++提供了强大的数据库编程接口，可以方便地实现数据库操作，从而为空间信息数据、通风专业属性数据的存储管理打下坚实基础。

（5）Visual C++语言抽象能力好，代码简洁，便于编写高质量的代码。

（6）Visual C++提供标准的STL、MFC类库，并直接支持对API接口函数的调用，且有非常丰富的第三方功能库和界面库，内置了丰富的图形展示和操作功能。

综上所述，最终决定选择Visual C++作为系统的开发工具。

2.2.3 运行环境

系统运行的软、硬件环境如表2-1、表2-2所示。

表2-1 硬件环境

设备名称	最低配置
CPU	主频1.60GHz
内存	1G
显卡	GForce4400
硬盘	80G

表2-2 软件环境

软件名称	环境说明
MapGIS环境	分析评价子系统是基于MapGIS平台的二次开发应用软件。这是提供应用环境
ACCESS2003	提供强大的数据库
Visual C++ 6.0	微软开发环境
Windows2000、WindowsXP	以上操作系统平台
Microsoft Office	涉及功能项中报表生成模块

§2.3 系统结构设计

传统的通风仿真系统，在编译开发出来之后，就不允许对现有的系统进行更改或扩充，一旦要对某个功能进行扩充，则必须对整个系统进行编译开发，这就大大增加了研制开发的费用，而且有些无须修改的功能属于重复开发，费时费力。针对上述存在的问题，提出了基于框架-插件的矿井数字通风系统的设计方法。在此基础上设计了一个框架、六个功能插件和四个图层插件。其中，六个功能插件分别为井巷三维可视化建模插件、通风实时数据动态

第 2 章 三维实时数字通风系统总体设计

查询与预警插件、通风网络解算与调节插件、通风机性能测定插件、通风网络可靠性分析与优化插件、通风日常报表管理插件，而四个图层插件则分别为巷道图层、风机图层、巷道骨架线图层和风流方向图层。

2.3.1 插件技术概述

2.3.1.1 插件的相关概念

插件技术是实现软件应用框架架构的核心技术之一，以即插即用方式重用不同人员的开发成果，从而达到快速构建软件和复用，减少软件开发的成本和周期，提高软件产品的质量和开发效率。GIS 应用框架是实现了 GIS 应用领域通用的完备功能（除去特殊应用的部分）的底层服务，而不是应用程序的小片程序。将插件技术引入 GIS 应用框架的开发实现中，有利于促进地理信息技术的发展和应用。

插件技术把整个应用程序分成宿主程序和插件两个部分，宿主程序与插件能够相互通信，并且在宿主程序不变的情况下，可以通过增减插件或修改插件来调整和增强应用程序功能，能从应用系统中进行"热拔插"，对功能模块进行方便、安全的装卸，而不必重新编译整个系统，类似于计算机上的 USB 接口。计算机的硬件设备是由许多插件板连接而成的，而这些插件板又是将许多具有独立功能的集成电路插件按插件板的设计要求组装连接而成的。各种插件卡插到计算机主板上，通过总线使它们相互通信、协同工作，计算机的迅速发展与这种结构特征及集成电路的发展是分不开的。近年来受到硬插件技术的启发，人们开始研究软插件技术，与硬插件系统类似，软插件系统由总线（也称宿主程序）、接口和插件三部分组成，如图 2-2 所示。

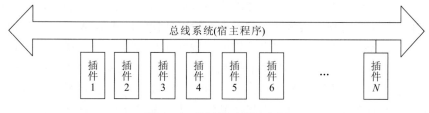

图 2-2 软插件系统示意图

（1）宿主程序。Windows 平台上一般表现为一个可执行的文件（一般为 .EXE 文件），这个可执行文件负责启动整个系统，将插件系统所需的插件加载到自己的进程地址空间中，插件系统所需要的插件是一些服务性的插件，常驻进程之中。宿主程序还必须对插件进行管理，不同产品的服务性插件的设计都不完全相同，但是对插件进行管理的功能是一定要实现的。

（2）插件。能够动态地插入到系统中，提供给插件系统相对简单的功能，但是多个插件能够使系统功能完善，完成许多复杂功能的处理，是插件系统的重要组成部分。在插件中必须提供给宿主程序调用的接口，当宿主程序需要调用插件的时候能够找到这个接口，以完成与宿主程序的通信与交互，并且使得宿主程序能够得到插件的相关信息。

（3）接口。宿主程序和插件能够互相结合在一起工作，必须有一套互相协作的规则和协议来使不同来源的程序互相协调工作，完成这些规则和协议的部分称为插件系统的接口。这是一个逻辑上的接口，由宿主程序和插件各完成一部分，它们共同完成插件的插入、调用、停止以及宿主程序与插件之间的交互。

2.3.1.2 插件的分类

目前应用比较普遍的插件，大致上可分为以下几类。

（1）批处理式。类似于批命令的简单插件，它一般是文本文件，这种插件的缺点是功能比较单一、可扩展性极小和自由度非常低。

（2）脚本式。使用某种语言把插件的程序逻辑写成脚本代码，而这种语言可以是Python，或是其他现存的已经经过用户长时间考验的脚本语言，甚至你可以自行设计一种脚本语言来配合你程序的特殊需要。当今最流行的是XML，其特点在于，稍有点编程知识的用户就可以自行修改你的脚本。

（3）动态函数库DLL。插件功能以动态函数库的形式存在。主程序通过某种渠道（插件编写者或某些工具）获得插件函数签名，然后在合适的地方调用它们。

（4）聚合式。顾名思义，就是把插件功能直接写成.EXE。主程序除了完成自己的职责外，还负责调度这些"插件"。这使插件与插件之间、主程序与插件之间的信息交流困难了许多。

（5）COM组件。插件需要做的只是实现程序定义的接口，主程序不需要知道插件怎样实现预定的功能，只需要通过接口访问插件，并提供主程序相关对象的接口。这样一来，主程序与各插件之间的信息交流就变得异常简单，并且插件对于主程序来说是完全透明的。

2.3.1.3 基于插件技术的软件开发方法

上面介绍了五种插件类型，其中批处理式和脚本式因为功能比较简单很少应用；聚合式相当于创建了另外一个进程，实际开发过程中一般以外挂的形式出现；比较常用的是普通的DLL插件和COM插件两种形式，二者关键的区别在于插件接口的实现上。普通的DLL插件使用导出函数作为接口，而COM插件则使用COM规范中特有的创建与管理接口的方法。在插件的实现过程中，绝大部分的实现都是使用导出函数作为插件提供服务的接口。

基于插件技术的软件开发，可以根据产品的具体情况采用面向对象的分析与设计方式，也可以采用面向构件的设计方式。唯一需要注意的是要遵循插件系统的原理，重点去处理在设计中经常出现的问题。

2.3.2 应用框架概述

2.3.2.1 框架的概念

框架（Framework）的概念出现于20世纪80年代，是目前主流软件架构的技术之一。框架是一个"可复用"的、"半成品"的应用，它建立在领域分析的基础上，由一组互相协作的组件组成，通过这些组件及其协作关系定义了应用系统的体系结构，同时通过扩展热点（Hot spots）组装用户开发的组件，以处理领域变化性。框架面向特定领域，集成了主流复用技术，不仅为特定领域内共性问题的解决提供了统一的业务应用系统骨架，同时又提供了相应的机制来支持领域内变化性特征的隔离、封装和抽象，兼顾了系统的稳定性和灵活性，使软件具备了支持动态演化的能力。框架的出现改变了应用软件的开发模式,使软件能够像硬件一样动态定制,从而使软件具有更强的时空适应性。可以说,框架是可以通过某种回调机制进行扩展的软件系统或子系统的半成品。一个框架是一个可复用的设计插件,它规定了应用的体系结构,阐明了整个设计、协作插件之间的依赖关系、责任分配和控制流程,表现为一组抽象类以及其实例之间协作的方法,它为插件复用提供了上下文关系。

2.3.2.2 应用框架

框架有许多相互独立的分类方式,如图2-3所示,大致上可以将框架分为基础设施框架、中间件框架、应用框架三大类。

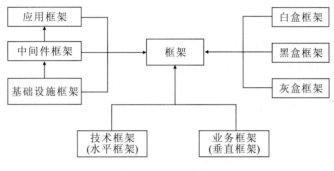

图2-3 框架分类图

(1) 基础设施框架。该框架的通用性很强,它是对系统基础功能接近完整的实现,并留有扩展的余地。

(2) 中间件框架。该框架的发展也有十多年的历史,它是随着诸如数据访问中间件、消息中间件、事务处理中间件和各种互操作中间件技术的出现而出现的。

(3) 应用框架。该框架的使用是最广泛的,它为应用程序框架提供了一组类似功能的应用程序的基本架构,通过在该框架内集成更多的功能,可以快速完成一个应用程序的开发。例如Web应用框架Struts,而基于OSGI规范开发的Eclipse则完全可以视为开发桌面应用的应用框架,还有Open Laszlo等客户端应用框架。

2.3.3 框架-插件技术

框架-插件技术是近年来备受重视和广泛应用的技术。框架-插件技术可以让用户在不修改程序主体的前提下,对软件的功能进行进一步的扩展与更新维护。通过预留接口,利用一种弱耦合的关系将插件与调用插件的主程序连接起来。需要功能扩展时,用户仅就不同的插件接口进行编写即可,不需要对主程序作任何变动,以实现系统功能的扩展。

图2-4为框架-插件示意图,首先设计数字通风系统的整体结构框架,并设定好软件系统

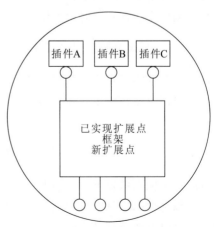

图2-4 框架-插件示意图

的扩展接口。在系统中插件都是以一个独立文件的形式存在,同时通过设定不同插件的功能,再为其设计扩展接口,系统运行时根据具体插件的功能配置寻找预先设计好的接口,将插件导入系统中,就可以实现所设计的软件系统的整体功能。

使用框架-插件技术编写的软件系统很容易扩展,在系统发布后需要对系统进行的扩充,无须重新编译,只需增加或修改插件即可。

2.3.4 系统功能插件设计

2.3.4.1 井巷三维可视化建模插件

(1) 通过输入井下巷道属性信息以及巷道拓扑关系数据,系统进行三维建模,生成三维井巷仿真系统图。

(2) 该插件提供对通风系统三维仿真模型的放大、缩小、平移、交互漫游、按任意角度实时旋转等三维图形操作功能,支持键盘和鼠标两种操作方式。

(3) 删除巷道:在巷道开采完封闭后,可以在通风仿真图上直接删除作废巷道;增加巷道:在掘进过程中,或者在进行通风系统优化时,可以在图上增加新的巷道以进行模拟和评估通风系统。

2.3.4.2 通风实时数据动态查询与预警插件

该插件将井下瓦斯、粉尘、温度等监测实时数据通过数据采集软件包转换成一定格式(.dat)的数据文件,将监测数据动态地映射在三维仿真图形上,让工作人员实时了解井下的环境参数;另外该插件具有通风信息预警功能,通过设置瓦斯、风量、温度等报警参数,实现对信息的预测与预报,防止井下事故发生。

2.3.4.3 通风网络解算与调节插件

将与通风网络解算有关的巷道参数、风机参数等数据输入后,自动依据已编入的矿井通风基本理论,可选择性地选用斯考德-恒斯雷法或者牛顿法解算各巷道对应的风量及方向,分析各工作参数及运转稳定性,并输出解算结果,可以多次计算,以对比其解算的稳定性和是否与实测风量相近;同时根据结算结果得出需调节点和其调节量,进行通风网络调节。

2.3.4.4 通风机性能测定插件

根据风机性能测定原始数据,求解风机风压特性参数,计算扇风机的工况点和相应的效率、轴功率以及运转稳定情况,以确定风机是否处于最佳工作状况,同时绘制风机特性曲线。

2.3.4.5 通风网络分析与优化插件

该插件主要提供以下三个功能:

(1) 根据通风信息实时数据测定,进行通风系统现状可靠性评价,分析其存在问题,提出相应的解决方法和控制措施。

(2) 对矿井通风系统进行优化设计,通过多个通风方案(主要在技术上、经济上、安全上)比较,提出可靠的通风系统总体方案和分步实施方案,并指导通风系统的设计和施工。

(3) 对矿井通风阻力测量路线的优化选择,包括主干测量路线的优化选择,所有分支巷道必测路线的优化选择和所有节点必测路线的优化选择。

2.3.4.6 通风日常报表管理插件

矿井的通风日常管理生成的各类报表与数据主要靠手工进行输入、处理,效率较低且易出错。该插件的主要功能就在于可以使上述数据的处理实现自动化。

2.3.5 系统开发框架设计

2.3.5.1 GIS 应用框架系统的整体结构

GIS 应用框架主要由两个部分组成,即框架平台和若干个插件。框架平台主要包括插件管理器、界面管理器、服务管理器以及系统功能管理器等功能组件。框架和插件之间的通信是通过一组接口协议来进行的,本系统中框架实现 IApplication 接口,插件是通过这一接口来对框架的各种要素进行访问的;插件实现 IPlugin 接口,框架通过这一接口来实现对插件的加载管理,并对插件的功能函数进行调用。按照插件的不同表现形式,现对其另外定义几个接口,主要包括 ICommand、ITool、IToolBarDef、IMenuDef、IDockableWindowDef 等。框架插件关系如图 2-5 所示。

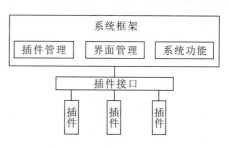

图 2-5 框架插件关系图

2.3.5.2 插件的动态加载

在插件式应用框架的实际开发过程中,关键之处在于宿主程序怎样查找和加载插件,并且对插件所提供的功能函数进行使用。通常情况之下,插件的处理方式大部分都是以 DLL 的文件格式存在的,所以,可以把插件统一放置于一个目录之下,在宿主程序启动的时候来查找这一文件并创建可用的插件对象,或者采用配置文件来进行插件的配置,宿主程序在运行的时候,可以按照配置文件中的参数来动态加载适当的程序集,并调用程序集中的方法来完成用户的功能需求。当用户须增加新功能时,只需要提供新的程序集,之后再更改新的配置文件就能够实现了。具体应用.NET 中使用 System.Reflection 命名空间中的类型来加载插件。

应用框架中的插件管理器将插件对象实例进行获取之后,就可以对插件管理器中已经有的插件对象进行查询,从而可以进行插件的加载和卸载。

2.3.5.3 插件的调用

在插件管理器获取插件之后,宿主程序的界面元素怎样按照插件信息来生成相应的插件功能并予以调整,这两者之间的相互关联就是界面管理器所需要完成的工作。在宿主程序系统界面上来生成相应的菜单以及工具栏,并将相应的插件调用,这就需要对系统界面的窗口信息进行获取，需要将自己的一些消息处理函数添加进来。对于不同的插件，它们在同一宿主界面上的表现形式是各不相同的，就像 ICommand 和 ITool 对象一样，两者在表现形式上看似是相似的命令按钮，但是对于 ITool 对象来讲，它需要和其他的视图进行交互。两者都是停靠于 Imenudef 或者是 ItoolBarDef 的 UI 对象之上的，表现出来的是后者的一个 Item 对象。

根据矿井通风系统的特点，在研究开发中提出了数字通风系统的框架与插件集成的方法，确定了矿井数字通风系统的体系结构。如图 2-6 所示，将系统划分为一个框架、六个基础功能插件和四个图层插件。

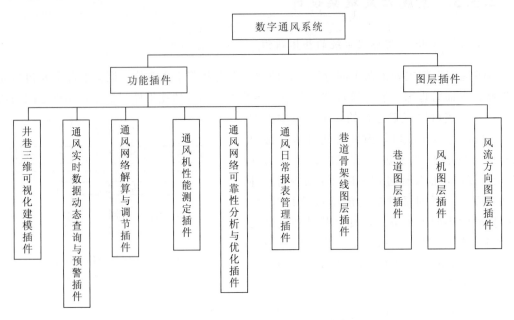

图 2-6　矿井数字通风系统开发框架

总之，框架＋插件体系结构这样的开发方式是 GIS 软件开发中的一种新的方式，本书主要是通过一个比较简单的演示来使插件式 GIS 应用框架原型系统实现了，在把接口的规范定义好了之后，可以利用插件来对系统的功能进行相应的扩展。对于插件式应用框架，其主要优点就在于能够使系统的可扩展性得到提升，减少重复工作，使业务的逻辑得到简化等，是一种值得推广的方式。

第3章　井巷三维可视化系统

井巷三维可视化系统是整个数字通风系统的基础系统模块，为通风监测参数的实时显示与预警、通风辅助决策两个系统提供可视化的操作平台。井巷三维可视化系统研究的主要内容包括图形变换数学模型、三维可视化模型开发以及可视化功能的研究。井巷三维可视化系统是矿井三维实时数字通风系统的研究核心，它在三维模拟图形的显示、显示的真实性和效率方面起着决定性的作用。矿井三维实时数字通风系统图形处理的方法和技术是研究的主要内容，其中也包括三维虚拟模型显示的目的，因为不同的显示需求可以最终决定采用图形处理的方法。

§3.1　三维可视化模型构建关键技术

3.1.1　三维空间中的向量

三维空间的数学表示中，采用有向线段表示空间向量。空间向量的属性参数是空间向量长度和空间向量方向。在用向量来表示空间物理模型时，包括长度和方向两个参数值。在某些情况下，我们可能只需要其中一个参数值，在计算机图形学中，对于三维空间信息的模型，利用空间向量的方向参数来模拟空间模型的方向值，如三维空间中的光线照射方向、三维空间实体构建的多边形方向、在三维虚拟空间中创建的摄像机方向。空间向量为三维实体空间方向的数学模型表示提供了理论基础。

3.1.1.1　向量相等

数学理论中，两个向量完全相等的条件首先要求有相同的维数，而且必须包括有同样的方向和相同的长度。几何学上，有完全同样的维数和相等分量的向量叫做向量的相等。比如，如果 $ux=vx$，$uy=vy$，且 $uz=vz$，那么 $(ux,uy,uz)=(vx,vy,vz)$。在代码中可以用"=="判断两个向量相等。

D3DXVECTOR u (1.0*f*, 0.0*f*, 1.0*f*);
D3DXVECTOR v (0.0*f*, 1.0*f*, 0.0*f*);
if (*u* == *v*) return true;
同样的，也能用"!="判断两个向量不相等。
if (*u*! =*v*) return false。

3.1.1.2　计算向量大小

几何学上，空间向量的大小是表示空间向量的有向线段的长度值，向量的大小又称为向量的模。可以使用下面的公式来计算向量的模。

$$\|u\| = \sqrt{u_x^2 + u_y^2 + u_z^2} \quad (3-1)$$

3.1.1.3 标准化向量

标准化向量是向量的模的值等于1，即单位向量。可以使用当前向量的模的值和向量的各个分量的值把一个向量标准化。

$$\hat{u} = \frac{u}{\|u\|} = \left(\frac{u_x}{\|u\|}, \frac{u_y}{\|u\|}, \frac{u_z}{\|u\|} \right) \tag{3-2}$$

3.1.1.4 向量相加

向量的和是使用向量的每个分量分别进行相加得到的，但是两个向量能够相加的条件是向量的维数必须完全相同。

$$u + v = (u_x + v_x, u_y + v_y, u_z + v_z) \tag{3-3}$$

3.1.1.5 向量相减

向量相减是使用向量的每个分量分别相减得到的，同样，两个向量能够相减的条件是向量的维数必须完全相同。

$$u - v = u + (-v) = (u_x - v_x, u_y - v_y, u_z - v_z) \tag{3-4}$$

3.1.1.6 数乘

数乘就是用一个数与一个向量进行乘法运算，这种计算的方法可以是向量按数字的比例进行变化，但是数乘并不能够改变向量的空间方向，其中一种特殊情况就是用负数去与一个向量相乘，但是方向的改变也仅仅是使方向相反。

$$ku = (ku_x, ku_y, ku_z) \tag{3-5}$$

3.1.1.7 点乘

数学意义上的点乘计算是指两个向量的乘法运算。具体的计算方法按照下面的公式计算：

$$u \cdot v = u_x v_x + u_y v_y + u_z v_z \tag{3-6}$$

公式（3-6）从表面上并不能看出明显的几何意义，但是如果利用余弦定理进行推导便可以看出其中的联系。

$u \cdot v = \|u\| \|v\| \cos\theta$，两个向量的点乘运算是两个向量的模和两个向量在空间中夹角的余弦乘积值。如果 u 和 v 都是单位向量，即它们的模的值都等于1，那么 $u \cdot v$ 就是它们夹角的余弦，可以利用该特性得到两个向量在空间中的方向关系。

如果 $u \cdot v = 0$，那么 $u \perp v$。

假如 $u \cdot v > 0$，那么 u 和 v 的夹角 θ 小于 $90°$。

假如 $u \cdot v < 0$，那么 u 和 v 的夹角 θ 大于 $90°$。

3.1.1.8 叉乘

叉乘运算求出的仍然是一个向量，而不像点乘的运算，仅仅求出的是一个标量。两个向量 u 和 v 通过叉乘运算，可以得到另外一个向量 p，计算出来的向量 p 在方向上垂直于 u 和

v，也就是说向量 p 垂直于 u 并且同时垂直于 v。

叉乘的计算方法如下：

$$p = u \times v = [(u_y v_z - u_z v_y),(u_z v_x - u_x v_z)(u_x v_y - u_y v_x)]$$
$$p_x = (u_y v_z - u_z v_y)$$
$$p_y = (u_z v_x - u_x v_z) \tag{3-7}$$
$$p_z = (u_x v_y - u_y v_x)$$

3.1.2 矩阵

$m \times n$ 的矩阵是指由 m 行和 n 列的元素组成的矩阵行列式。行的值和列的值分别表示了矩阵在行和列上的维数，并且通过右下角的数字表示行和列的值，区分出矩阵中的各个元素，右下角数字中的第一个数字表示该元素所在的行，第二个数字表示该元素所在的列。例如下面的 A 是 3×3 矩阵，B 是 2×4 矩阵，C 是 3×2 矩阵。

$$A = \begin{bmatrix} a_{11} & a_{12} & a_{13} \\ a_{21} & a_{22} & a_{23} \\ a_{31} & a_{32} & a_{33} \end{bmatrix} \quad B = \begin{bmatrix} b_{11} & b_{12} & b_{13} & b_{14} \\ b_{21} & b_{22} & b_{23} & b_{24} \end{bmatrix} \quad C = \begin{bmatrix} c_{11} & c_{12} \\ c_{21} & c_{22} \\ c_{31} & c_{32} \end{bmatrix}$$

在某些特殊情况下，有的矩阵仅仅有一行元素或者只有一列元素，这种矩阵被称做行向量和列向量。例如 V 和 U 就分别是行向量矩阵和列向量矩阵：

$$V = \begin{bmatrix} v_1 & v_2 & v_3 & v_4 \end{bmatrix} \quad U = \begin{bmatrix} u_x \\ u_y \\ y_z \end{bmatrix}$$

对于行向量矩阵或者列向量矩阵来说，只需要用一个数字下标，或者用一个字母下标来表示行向量和列向量的成员即可。

§3.2 图形变换数学模型

在井巷三维可视化系统中，图形系统涉及到平移、缩放、旋转等多种基本变换，实现这些复杂的图形变换需要引入三维可视化变换数学模型。

三维图形变换的数学模型，其原理是把三维空间的坐标表示为 3×3 阶矩阵，通过齐次化将其转化为 4×4 阶矩阵，以此实现图形系统的平移、旋转、关于任意直线对称等基本变换。

通常将齐次坐标表示为 $\begin{bmatrix} x & y & z & 1 \end{bmatrix}$，变换矩阵表示为如下的 4×4 阶方阵 T

$$T = \begin{bmatrix} a & b & c & p \\ d & e & f & q \\ h & i & j & r \\ l & m & n & s \end{bmatrix} \tag{3-8}$$

其中 $\begin{bmatrix} a & b & c \\ d & e & f \\ h & i & j \end{bmatrix}$ 表示生成图形的基本变换：平移、缩放、旋转等；

$\begin{bmatrix} l & m & n \end{bmatrix}$ 表示生成坐标轴 x,y,z 的轴向平移；

$[s]$ 表示生成图形的全比例变换；

$[p \quad q \quad r]^T$ 表示生成图形的透视投影变换。

3.2.1 图形比例变换的数学模型

变换矩阵为

$$T=\begin{bmatrix} a & 0 & 0 & 0 \\ 0 & e & 0 & 0 \\ 0 & 0 & j & 0 \\ 0 & 0 & 0 & l \end{bmatrix} \tag{3-9}$$

其中 a, e, j 分别为 x, y, z 三个方向的缩放系数。若 $a=e=j$，则各项缩放比例相同。当各轴的缩放比例相同时，也可采用全比例变换

$$[x \quad y \quad z \quad 1]\begin{bmatrix} 1 & 0 & 0 & 0 \\ 0 & 1 & 0 & 0 \\ 0 & 0 & 1 & 0 \\ 0 & 0 & 0 & s \end{bmatrix} = [x \quad y \quad z \quad s] \Rightarrow \left[\frac{x}{s} \quad \frac{y}{s} \quad \frac{z}{s} \quad 1\right]$$

$$= [x' \quad y' \quad z' \quad 1] \tag{3-10}$$

3.2.2 图形旋转变换的数学模型

空间立体绕 x, y, z 轴旋转一定的角度即为图形的旋转变换。

3.2.2.1 空间立体绕 x 轴旋转 θ 角

此时 x 坐标不变，y, z 坐标变化，变换矩阵为：

$$T=\begin{bmatrix} 1 & 0 & 0 & 0 \\ 0 & \cos\theta & \sin\theta & 0 \\ 0 & -\sin\theta & \cos\theta & 0 \\ 0 & 0 & 0 & 1 \end{bmatrix} \tag{3-11}$$

3.2.2.2 空间立体绕 y 轴旋转 θ 角

与绕 x 轴旋转 θ 角原理类似，此时 y 坐标不变，x, z 坐标变化，变换矩阵为：

$$T=\begin{bmatrix} \cos\theta & 0 & -\sin\theta & 0 \\ 0 & 1 & 0 & 0 \\ -\sin\theta & 0 & \cos\theta & 0 \\ 0 & 0 & 0 & 1 \end{bmatrix} \tag{3-12}$$

3.2.2.3 空间立体绕 z 轴旋转 θ 角

与绕 x 轴旋转 θ 角原理类似，此时 z 坐标不变，x, y 坐标变化，变换矩阵为：

$$T=\begin{bmatrix} \cos\theta & \sin\theta & 0 & 0 \\ -\sin\theta & \cos\theta & 0 & 0 \\ 0 & 0 & 1 & 0 \\ 0 & 0 & 0 & 1 \end{bmatrix} \tag{3-13}$$

3.2.3 图形平移变换的数学模型

空间立体的平移并不改变立体本身的形状和大小,其平移变换的矩阵为:

$$\boldsymbol{T} = \begin{bmatrix} 1 & 0 & 0 & 0 \\ 0 & 1 & 0 & 0 \\ 0 & 0 & 1 & 0 \\ l & m & n & 1 \end{bmatrix} \qquad (3-14)$$

l,m,n 分别为三个坐标轴方向的平移量。

3.2.4 图形绕过原点的任意轴旋转 θ 角的数学模型

立体图形绕过原点的任意轴旋转可通过多个基本变换的组合来实现。设 OI 为绕过原点的任意轴,它与三个坐标轴的夹角表示为 α,β,γ,其在 x,y,z 轴的方向余弦分别为:

$$\left.\begin{array}{l} n_1 = \cos\alpha \\ n_2 = \cos\beta \\ n_3 = \cos\gamma \end{array}\right\} \qquad (3-15)$$

实现该变换的多个基本变换的组合步骤为:

(1) 将 OI 绕 z 轴旋转 ϕ 角使其旋转到 yoz 坐标平面上,变换矩阵为:

$$\boldsymbol{T}_1 = \begin{bmatrix} \cos\phi & \sin\phi & 0 & 0 \\ -\sin\phi & \cos\phi & 0 & 0 \\ 0 & 0 & 1 & 0 \\ 0 & 0 & 0 & 1 \end{bmatrix} \qquad (3-16)$$

其中:$\tan\phi = \dfrac{n_1}{n_2}$

(2) 然后绕 x 轴旋转 γ 角使其与 z 轴重合,变换矩阵为:

$$\boldsymbol{T}_2 = \begin{bmatrix} 1 & 0 & 0 & 0 \\ 0 & \cos\gamma & \sin\gamma & 0 \\ 0 & -\sin\gamma & \cos\gamma & 0 \\ 0 & 0 & 0 & 1 \end{bmatrix} \qquad (3-17)$$

(3) 使立体绕 z 轴旋转 θ 角

$$\boldsymbol{T}_3 = \begin{bmatrix} \cos\theta & -\sin\theta & 0 & 0 \\ -\sin\theta & \cos\theta & 0 & 0 \\ 0 & 0 & 1 & 0 \\ 0 & 0 & 0 & 1 \end{bmatrix} \qquad (3-18)$$

(4) 绕 x 轴旋转 $-\gamma$ 角

$$\boldsymbol{T}_4 = \begin{bmatrix} 1 & 0 & 0 & 0 \\ 0 & \cos\gamma & -\sin\gamma & 0 \\ 0 & \sin\gamma & \cos\gamma & 0 \\ 0 & 0 & 0 & 1 \end{bmatrix} \qquad (3-19)$$

(5) 绕 z 轴旋转 $-\varphi$ 角

$$T_5 = \begin{bmatrix} \cos\varphi & -\sin\varphi & 0 & 0 \\ \sin\varphi & \cos\varphi & 0 & 0 \\ 0 & 0 & 1 & 0 \\ 0 & 0 & 0 & 1 \end{bmatrix} \qquad (3-20)$$

故绕过原点的任意轴旋转 θ 角的变换矩阵为：

$$\begin{aligned} T_R &= T_1 \cdot T_2 \cdot T_3 \cdot T_4 \cdot T_5 \\ &= \begin{bmatrix} n_1^2 + (1-n_1^2)\cos\theta & n_1 n_2 (1-\cos\theta) + n_3 \sin\theta & n_1 n_3 (1-\cos\theta) - n_2 \sin\theta & 0 \\ n_1 n_2 (1-\cos\theta) - n_3 \sin\theta & n_2^2 + (1-n_2^2)\cos\theta & n_2 n_3 (1-\cos\theta) + n_1 \sin\theta & 0 \\ n_1 n_3 (1-\cos\theta) + n_2 \sin\theta & n_2 n_3 (1-\cos\theta) - n_1 \sin\theta & n_3^2 + (1-n_3^2)\cos\theta & 0 \\ 0 & 0 & 0 & 0 \end{bmatrix} \end{aligned}$$

$$(3-21)$$

3.2.5 绕过任意点 $P_0(x_0, y_0, z_0)$ 的轴旋转 θ 角数学模型

变换步骤如下：

(1) 进行平移变换，使旋转轴通过坐标原点：

$$T_1 = \begin{bmatrix} 1 & 0 & 0 & 0 \\ 0 & 1 & 0 & 0 \\ 0 & 0 & 1 & 0 \\ -x_0 & -y_0 & -z_0 & 1 \end{bmatrix} \qquad (3-22)$$

(2) 使立体绕过原点的轴旋转 θ 角：

$$T_2 = T_R \qquad (3-23)$$

(3) 进行平移变换，使旋转轴回到原来位置：

$$T_3 = \begin{bmatrix} 1 & 0 & 0 & 0 \\ 0 & 1 & 0 & 0 \\ 0 & 0 & 1 & 0 \\ x_0 & y_0 & z_0 & 1 \end{bmatrix} \qquad (3-24)$$

故绕过任意点 $P_0(x_0, y_0, z_0)$ 的轴旋转 θ 角的变换矩阵为：

$$T = T_1 \cdot T_R \cdot T_3 \qquad (3-25)$$

根据各种不同图形变换的数学模型，将其引入到井巷三维可视化系统的程序设计中，作为实现三维仿真图形以及进行图形操作变换的基础。

§3.3 三维可视化模型开发

3.3.1 通风井巷模型

井巷是矿山采掘的基础，也是通风网络的核心构成。实时数字通风系统针对三维井巷的仿真模拟是建立在原始通风井巷的立体坐标基础上，是原井巷工程模型的立体缩放。井巷的属性信息主要包括巷道的三维立体坐标、巷道长度、断面形状、断面积、周长、支护方式

(1) 整体模型。建立矢量系统的目的是要能以图形的方式在计算机中显示井巷和井巷中的各种通风构筑物。拿一条巷道来说，它包括长度、空间位置坐标等决定其空间几何形状的参数，还有风量、风阻等反映其通风状况的属性。如果把决定一条巷道几何形状的数据称做几何属性，风量、风阻等属性称做性质属性，则抽象巷道的类型应具有如图 3-1 所示的构成。

图 3-1　巷道的类图

这样按照面向对象的方法有效地将巷道的图形数据与非图形数据连接起来，可以方便实现由几何属性与性质属性的双向查询，图 3-2 是用户查询巷道性质属性的序列图。用户用鼠标选择图形时，首先在窗口中点击左键，窗口处理该鼠标事件得到视图区的一坐标点；然后将该点传递窗口对应的绘图原语对象，绘图原语根据当前的绘图比例，将视图区的该点坐标转换成用户区坐标点；绘图原语再将转换后的点传给系统中的实体容器对象，实体容器用该点与它含的实体作比较，看是否该点落在某实体上或非常靠近某实体；如果找到这样一个实体，再看它是否是巷道，如果不是就返回，如果是则提取出该巷道，然后将该巷道的性质属性传给窗口显示出来。

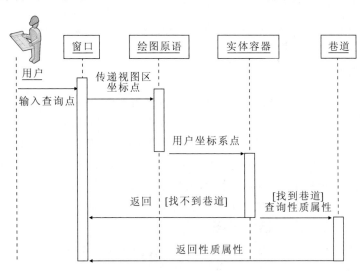

图 3-2　查询巷道性质属性序列图

巷道在本系统中具有与连续直线相同的几何特性，根据面向对象的特性可以建立如图 3-3 所示的巷道模型。巷道从连续直线派生，继承连续直线中的所有图形属性与操作，巷道类的定义中只包括性质属性与相关操作的定义。

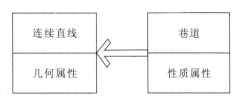

图 3-3　巷道类的派生图

(2) 巷道的性质属性。巷道的性质属性

如表 3-1 所示。其中巷道编号、巷道类型、初始风阻、初始风量、解算风阻、解算风量将用于参加风网解算。巷道编号必须唯一；巷道类型是一般巷和风机巷时必须有初始风阻，是风机巷时系统中必须有对应的风机，是固定风量巷时必须有初始风量。经风网解算后，一般巷与风机巷求出解算风量，固定风量巷求出解算风阻，所有巷道的风压自动算出，巷道输入了断面积后，风速也自动算出。最大最小风速由用户输入，解算完成后，如果风速超限则有提示。

表 3-1 巷道的性质属性

属性名	数值类型	用户权限	取值范围
巷道编号	整型	读写	>0
巷道名称	字符型	读写	所有字符
巷道类型	字符型	读写	一般巷、风机巷、固定风量巷
巷道断面	实型	读写	>0
初始风阻	实型	读写	>0
初始风量	实型	读写	>0
解算风阻	实型	只读	所有实数
解算风量	实型	只读	所有实数
巷道风速	实型	只读	所有实数
巷道风压	实型	只读	所有实数
最小风速	实型	读写	>0
最大风速	实型	读写	>0

3.3.2 风机模型

从能量转换观点看，矿井通风机是把机械能转变为流体的动能、压力能和位能的一种机械。通风机的工作状况可用流量、风压、功率、效率、转速和其他参数表达。由通风机的实际特性可知，它的流量、风压、轴功率和效率诸参数都是可变的，而且按一定的规律变化。但通风机在一定的风网中工作时，在某时刻这些参数都有确定值。这些确定值可由通风机的实际特性的风压特性曲线与同一坐标图上的风网特性的交点决定，此点为工况点。工况点不但决定了矿井的风量，也决定着风机的负压、功率、效率等参数。

风机模型信息主要包括风机运行状态、风量、风压、功率、效率、型号、叶片角度、转速、风机所在巷道等，并采用二项式 $h=C_1+C_2Q+C_3Q^2$ 拟合扇风机曲线。

在进行风机选型时，先计算出矿井需风量和风压值（即工况点），然后以厂家提供的风机个体特性曲线样本为依据来选择扇风机，找出矿井通风容易时期和困难时期的最大阻力线路，根据各个时期风量分配的要求计算出该条线路的通风阻力及对应矿井需风量来确定工况点，作为选择扇风机的依据。

3.3.3 通风构筑物模型

矿井通风构筑物是矿井通风系统中的风流调控设施，用以保证风流按生产需要的线路流动，凡用于引导风流隔断风流和调节风量的装置统称为通风构筑物。合理地安设通风构筑物，并使其能常处于完好状态，是矿井通风管理的一项重要任务。通风构筑物的等效风阻通常采用公式 $R=H/Q^2$ 进行等效计算。

（1）通风构筑物的种类。矿井通风构筑物大体上分为两大类：一类是通过风流的通风构筑物，主要有通风机风硐、反风装置、风桥、导风板和调节风窗；另一类是隔断风流的通风构筑物，主要有井口密闭、挡风墙、风帘和风门等。

（2）通风构筑物模型信息。通风构筑物模型信息主要包括风门的布置、开关状态、所在巷道名称等。各类通风构筑物在系统图中的图形表示各不相同，但它们都具有许多相近的性质属性，如风门、风窗等。为此要将所有构筑物用一个类来封装，可以从图块类中派生出通风构筑物类。它们的性质属性如表3-2所示。

表3-2 通风构筑物的性质属性

属性名	数值类型	用户权限	取值范围
构筑物名称	字符型	读写	所有字符
所在巷编号	整型	读写	>0
构筑物断面	实型	读写	>0
附加风阻	实型	读写	>0

§3.4 三维可视化功能

3.4.1 建模工具

3.4.1.1 功能分析

可视化系统的任务就是要在计算机上用图形的形式模拟出井下巷道中风流的流动情况。而通风系统图与通风网络图是进行通风分析的两种工程图形，为此可视化工作应能绘制和编辑这两种图形。

从日常通风管理与计算机绘图角度分析可知，系统应具备以下功能：

（1）画巷道。包括绘制巷道、自动生成节点、设置巷道属性。自动生成节点是指用户在绘制一条巷道时，程序应能使用当前巷道的始末点坐标和已有节点作比较，查看在当前巷道始末点位置是否已有节点存在，如果有则将已有节点作为当前巷道的始节点或末节点；如果没有则向系统中自动添加节点，从而让节点的生成表现为自动完成。设置巷道属性是指通过图形将每条巷道的风阻、巷道类型（一般巷道、风机巷道、固定风量巷道）、固定风量巷的初始风量、巷道编号、巷道名称等输入系统中。通过灵活设置巷道的属性还可以完成另外一些功能，如实际工作中报废老巷或封闭巷道，可以将巷道风阻设为无穷大来完成。

（2）加节点。大部分节点是在绘制巷道时自动生成的，如果要在已有巷道中开掘新巷则需要先在已有巷道中添加一个节点，再绘制新的巷道，已有巷道也因为节点的加入变成两条巷道。

（3）安设通风构筑物及风机。通风构筑物应隶属于巷道，并可能影响巷道的属性，甚至可能改变其风流大小。特别是风门和风窗，改变其面积即调节风门或调节风窗，则可改变风阻，从而改变其所在巷道的风流情况。在煤矿中风机必须安装在和大气连接的巷道中，安设了风机的巷道，其巷道类型变为风机巷道。查看图中的风机图层时，应能查询到风机的特性参数，比如风机的效率、功率、工况点风量风压等。

（4）图形编辑功能。在绘图过程中不可避免地要使用到图形的移动、复制、删除、保存等功能。

（5）通风计算及结果显示功能。通风管理需要系统具备计算风量、灵敏度计算、风量异常值分析等功能。这些功能的核心是风网解算。其中风量异常值分析还涉及到与安全监控系统联机的问题。计算结果比如巷道风量也是巷道的属性，所以结果显示也就是要求系统具备显示指定属性的功能，这包括属性的表格显示与随巷道图显示的要求。

（6）图形转换功能。为操作方便，系统提供的可直接绘制的图形只有单线条通风系统图。但双线条通风系统图和网络图都可由单线条通风系统图自动生成，因此系统应具备这两个自动转换的功能。

3.4.1.2 绘制用例图

经过上节分析，采用 UML 语言可快速建立本系统在通风管理及可视化方面的用例模型，如图 3-4 所示。

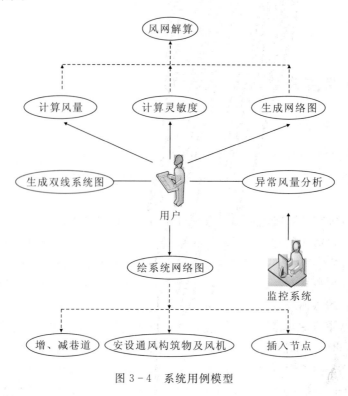

图 3-4 系统用例模型

3.4.1.3 矢量图形系统建模

目前计算机绘制和存储图形主要有两种形式：①图像文件。即以像素点为单位保存图像信息的文件。图像信息可以由扫描仪、摄像机等输入设备将现成的图像数字化后得到，也可以采用图像处理软件绘制。图像的特点是生动、逼真，但对图像的操作是以点为单位，因此不易抽取出有用的特征信息，修改困难，存储数据量大。②图形文件。即以基本图形元素，如点、直线、连续直线、矩形、圆、圆弧、方块等为单位保存图形信息的文件，这类图形也称为矢量图形。在显示或输出图形时由计算机软件根据这些特征信息自动生成图像信息。由于矢量图形文件需要存储的信息较少且易于修改,因此一般工程图纸都采用这种文件形式。

通过上述分析,本系统主要采用矢量图形。

矿井通风可视化能直观地显示矿井巷道的三维立体示意图,并能动态显示矿井当前的通风状况和通风设施分布情况:从图上直接浏览巷道的基础和通风数据,并能进行主扇、通风设施、巷道相关参数的修改;具有三维旋转、缩放、平移等图形显示功能和图形输出功能;自动或半自动地生成通风系统图和通风网络图;进行风网络解算仿真,并可方便地调节风量;模拟灾难时矿井的通风情况;主扇停用;模拟主扇反风时矿井的通风状态;各种报表输出功能。

3.4.2 井巷可视化

巷道三维模型是通过巷道中心线坐标数据以及巷道断面的模型数据,在 Visual C++ 编程平台下,根据三角网规则计算出所有巷道断面上能够描述其真实模型的其他点的三维坐标,依次连接这些点构成一个个三角网从而建立起巷道模型。这时建立起来的模型是一个个三角网构成的悬空模型,根本体现不了真实的情境,需要利用三维实时数字通风系统来对这个模型进行可视化。

进行矿井通风系统可视化时,巷道的可视化是核心。系统构建的巷道结构图在三维空间中以直线方式将巷道图像显示出来。系统先自动调取静态数据库中井巷各始末节点及所有拐点的地图坐标绘制输出矿井采掘平面图,然后将一系列的数字信息转换成动画形式的图形后进行输出。在三维可视化图形上用标注的数据、流动的风向箭头和设置属性的方法来表示矿井各巷道通风的实时情况。巷道最常用到的信息有风量、风阻、长度、断面积等,井巷可视化图上所设置的属性如表 3-3 所示。

表 3-3 巷道可视化属性表

序号	数据	单位	注释
1	名称		巷道名称
2	始节点		巷道始节点名称
3	末节点		巷道末节点名称
4	节点坐标 X	m	相关坐标计算
5	节点坐标 Y	m	相关坐标计算
6	节点坐标 Z	m	相关坐标计算,自然风压分析
7	巷道长度	m	确定摩擦风阻系数等,$R=aLU/s^3=R_{100}L/100$
8	摩擦阻力系数	kg/m^3	$\alpha=\lambda\rho/8$;自带查表系统等多种确定方法
9	百米摩擦风阻	Ns^2/m^8	$R=R_{100}L/100$
10	断面形状	m^2	查询摩擦阻力系数
11	断面积	m^2	查询或计算摩擦阻力系数
12	周长	m	查询或计算摩擦阻力系数
13	支护方式		查询或计算摩擦阻力系数
14	可调节性		网络优化调节航道类型,分为优先调节、可以调节、不宜调节、不可调节。可以均为可以调节
15	调节阻力	Pa	调节风门两端压差,网络解算和网络调节结果参数
16	调节风阻	Ns^2/m^8	调节风门等效风阻
17	巷道用途		分析矿井通风状态

3.4.3 通风构筑物可视化

通风构筑物作为矿井通风系统的重要组成部分,主要进行井下风流控制与合理的分风配风。井下布置的风门、风窗、防爆门、密闭墙等均属于通风构筑物,其常用信息包括压差、等效风阻等。通风构筑物可视化属性结构如表3-4所示。

表3-4 通风构筑物可视化属性结构表

序号	数据	单位	注释
1	名称		构筑物名称或编号,非必需
2	压差	Pa	风门两侧压差,网络解算结果参数
3	漏风量	m³/s	安装风门的巷道风量,网络解算结果参数
4	等效风阻	Ns²/m⁸	风门的等效风阻
5	等效风窗面积	m²	网络调节计算结果,或工程师设定结果
6	测试压差	Pa	风门两侧实际测试压差
7	风门开关状态		风门的实时开、关状态,通风流监测内容

3.4.4 通风参数可视化

由于影响矿井通风系统的因素较多,各因素的影响结果叠加在一起,不利于发现各因素对整个系统的影响程度。因此,采用单因素分析法,利用通风参数可视化的功能分析参数,避免各因素之间的交互效应的出现,从而简化问题,得到可靠的结论。在通风系统中选择一些特征分支,改变风阻值,通过网络解算,得到解算结果,通过分析、比较得出相应的结论。通过对这些基本变量的分析,得出它们对整个系统的影响大小,从而确定它们在通风系统中的权重,以便优化和改善矿井通风网络。同时也通过改变迭代初始分量、迭代次数、迭代精度和网络的复杂程度来研究算法的收敛性与收敛速度。通风参数直接反映出井下通风系统的运行状态,是判别矿井是否正常运行最基础的数据。通风参数可视化属性结构如表3-5所示。

3.4.5 通风机可视化

风机可视化模拟是矿井通风系统模拟的基础之一,通过对通风机运行特性分析,找到风机模拟运行基本参数,通过对风机静态参数、动态参数模拟,完成虚拟通风机的建立和虚拟风机的可视化动态旋转及仿真控制操作,为矿井通风系统提供模拟通风动力参数和可视化风机模型。

矿井通风机可视化模拟的功能为:

(1) 虚拟通风机的建立。在矿井通风仿真系统中,所研究的通风机是基于通风机在矿井中的应用而建立的,不涉及风机的机械构造和具体的组成元件。所以虚拟风机的建立需具有以下应用功能:①给矿井通风仿真系统提供通风动力参数——模拟风压特性曲线;②提供矿井通风机的功率、效率特性曲线;③为通风系统模拟提供所需的通风机参数,包括矿井通风风机名称、型号、转速、当前叶片角度等静态参数;④为通风系统模拟提供所需的工况点风量、工况点风压、工况点功率、工况点效率等;⑤对虚拟通风机进行仿真控制。

表 3-5 通风参数可视化属性结构表

序号	数据	单位	注释
1	实时风量	m³/s	巷道实时通风环境参数,通风流监测的主要内容
2	瓦斯浓度	%	
3	温度	℃	
4	一氧化碳浓度	×10⁻⁶	
5	负压	Pa	
6	摩擦风阻	Ns²/m⁸	巷道摩擦风阻,网络解算必备参数
7	局部风阻	Ns²/m⁸	巷道局部风阻(可混合在摩擦风阻中),网络解算参数
8	总阻力	Pa	摩擦阻力+局部阻力+构筑物阻力,网络解算结果参数
9	固定风量	m³/s	工程师期望的巷道风量,按需分风必备参数
10	密度	kg/m³	巷道平均密度,计算自然风压所需参数
11	相对压能	Pa	通风系统分析,网络解算结果参数
12	大气压	Pa	通风参数计算
13	最大允许风速	m/s	计算矿井最大通风能力
14	可调节性		网络优化调节巷道类型,分为优先调节、可以调节、不宜调节、不可调节。可以均为可以调节
15	调节阻力	Pa	调节风门两端压差,网络解算和网络调节结果参数
16	调节风阻	Ns²/m⁸	调节风门等效风阻

(2) 虚拟通风机的仿真控制。仿真控制主要是对通风机的控制操作,包括开机、停机、反转和调整叶片角度,通过对这些操作的控制来给矿井供风即给通风仿真系统提供动力和参数,同时为了更形象,对风机动画也做了相应的控制,当点击开机按钮时,风机动画开始旋转,当点击停机或反转时,风机动画立即停止或反转。调整叶片角度后,风机的风压、功率、效率特性曲线换成新角度上的曲线。风机的属性显示屏是反映风机在当前状态下属性数据的动态显示。显示的属性有风机名称、型号、当前叶片角度、运行状态(开、停、反转)、转速、工况风量、工况风压、电机功率和风机效率等。

3.4.6 风机可视化程序设计

3.4.6.1 可视化界面设计

使用对话框完成用户与计算机的信息交流。

(1) 设置对话框数据环境。它包含与对话框相互作用的数据库的表或视图,以及对话框所要求的表之间的关系。可以通过打开"显示"菜单中的"数据环境"菜单项,在对话框定义中包含所需要的表格。这一动作将打开一个以"数据环境设计器"为标题的窗口,可以在"数据环境设计器"中直观地设置数据环境,并与对话框一起保存。在对话框运行时数据环境可自动打开、关闭表和视图。

(2) 设置对话框数据环境的属性。数据环境是一个对象,它也具有属性、方法和事件。当"数据环境设计器"处于活动状态时,在"属性"窗口中会显示与数据环境相关的对象及属性。

(3) 对话框中控件的设置。完成数据环境的定义后,便可向对话框中加入控件,为了在对话框中设计所需的功能,需要在对话框中添加合适的控件,设置控件属性并为之编写代码。

3.4.6.2 模拟风机与实体风机的关系

实体关联图可用于描述风机实体与模拟风机数据库中数据之间的关系,在实体关联图中,有实体、联系和属性三个基体成分,其中属性是指实体一般具有的若干特性。一般属性的获得有三种途径:①数据库;②人工输入;③由测试系统获得。由测试系统获得风机属性主要有风机输入功率、风机负压、风机风量、风机转速等动态参数。

通风机作为井下供风设备,数字通风系统根据其在矿井中的实际应用位置,以虚拟风机的形式实现其在图形上的可视化。表 3-6 为通风机可视化属性结构表。

表 3-6 通风机可视化属性结构表

序号	数据	单位	注释
1	名称		风机名称或编号
2	运行状态		司机控制状态:开机、停机、反转
3	风量	m^3/s	通过风机风筒的风量,也是特性曲线工况点,解算结果
4	风压	Pa	特性曲线工况点 = 风网阻力 = 风机静压,网络解算结果
5	功率	kW	风机输出静压功率 = 风网功耗 + 漏风功耗,网络解算结果
6	效率	%	有用效率 = 风网功耗 / 耗电功率,网络解算结果
7	风阻	Ns^2/m^8	风网阻力与漏风风阻并联,网络解算结果
8	等积孔	m^2	风网等积孔,网络解算结果
9	型号		
10	叶片角度		
11	转速	r/m	
12	风机风量	m^3/s	通过风机风筒风量,即风量工况点,网络解算结果
13	风网风量	m^3/s	风机风量 - 地面漏风风量,网络解算结果
14	漏风风量	m^3/s	风井防爆盖,风硐风门等地面漏风,网络解算结果
15	风机静压	Pa	风网阻力=风压工况点,网络解算结果
16	风机全压	Pa	风机静压+出口速压,网络解算结果

§3.5 三维巷道漫游

三维漫游是虚拟现实技术常见的应用之一。利用计算机软硬件，创建使参与者具有身临其境的沉浸感和良好的人机交互能力的三维系统，有助于建立启发构思的信息环境，进而达到参与者在虚拟环境中获取知识、形成概念的最终目标。

利用地理信息系统所采集的地质数据资料，通过地形和地物的建模、纹理映射、光照模型设定、投影模式选择等技术，可实现具有高度真实感的三维场景动态显示。目前该技术已在战场环境仿真、娱乐与3D游戏、场景漫游、道路选线、土地规划、地理信息系统等诸多领域得到了广泛的应用。例如，现在正在因特网上流行的虚拟漫游，用户只需要坐在计算机前，就可以参观各大城市、旅游景点、机场等，实现了人类足不出户而四处浏览的梦想。

在只有矿山巷道中心线数据的情况下要实现巷道的三维漫游，首先必须建立好巷道三维模型，然后对模型进行纹理映射、光照、投影等操作，从而使模型显示在人们面前如同逼真的现实场景，这样便可为后面的漫游功能实现提供坚实的基础条件。

作为一个综合的漫游系统，它应该具备根据用户要求完成各种相应操作功能进行场景漫游，而主要的交互工具就是键盘和鼠标，这里可以实现两种漫游方法：利用键盘和鼠标进行手动漫游和利用输入巷道路径直接进行自动漫游。

在三维巷道模型构建完毕后，可以进一步地通过数字漫游技术进行三维巷道场景漫游，使得人们可以身临其境地、全方位地观察巷道内部结构，有助于矿井优化设计。

3.5.1 利用纹理贴图技术进行巷道内部建模

为了更加逼真地表现三维巷道，采取了光照处理加纹理贴图的形式来实现，使得巷道看上去更为真实。纹理贴图技术是真实感计算机图形学中广为应用的一项重要技术，又可以称为纹理映射。纹理映射一般是指在完成对象的几何建模后，再将真实对象的表面照片作为纹理映射到允许进行纹理映射的整个对象的所有表面上。一般来说，可以用作纹理的贴图有普通材质贴图、动态材质贴图、凹凸贴图以及 MIPS 贴图等形式。普通材质贴图就是将一张图片直接贴到物体表面，在巷道模型中，主要用到岩巷、煤巷、半煤岩等几种不同的图片来进行普通材质贴图，以表示不同地质环境的巷道。动态材质贴图可以达到一种动态的贴图效果，主要用在风流箭头方面，以模拟风的流动过程。凹凸贴图主要用来模拟粗糙表面凹凸不平的特征，以达到具有凹凸立体感的效果。MIPS 贴图需要准备多幅精度不同的图片，然后根据用户的视角采用不用精度的材质图像进行贴图。

3.5.2 巷道内部设备建模

在进行三维巷道漫游时，还需要充分考虑巷道内部特征，如巷道功能、巷道包含哪些内部设备等。

从功能角度来说，矿井巷道可以分为运输巷、采煤巷、泵房、水仓等，不同的巷道不仅外观不同，其安装的内部设备也有很大区别。巷道的内部设备通常包括轨道、机车、风机、局扇、照明设备、传送带、电缆、水沟、人行道等。这些内部设备从几何特征来说可以分为两类：线状设备和面状设备。线状设备主要包括轨道、传送带、电缆、人行道、水沟等。这一类设备类似于三维巷道建模。面状的设备又可以分为矩形、正方形、圆形等,如传感器、风筒等。这一类设备是先完成基础几何体位置确定,再将实际拍摄的照片作为纹理,映射到这些几何模型上,即完成了三维真实巷道场景的构建。

为了更直观地构建巷道内部设备的模型,需要对众多巷道内部设备进行分门别类。通过分析这些内部设备的特征,将巷道的内部设备划分为两大类:一类可以归结为线型类,如轨道、传送带、水沟等;另一类可以简化成符号类,如风筒、机车、照明设备、躲避洞等。

对所有线型类的巷道内部设备都能以类比构建三维巷道模型的思路进行相应建模。对于符号类巷道内部设备,首先将其抽象成一些常见的图形,如长方体、圆柱体、球体等,这样将事先做好的相关内部设备模型插在三维巷道模型内部的适当位置。

第 4 章 矿井通风监测与预警系统

合理的矿井通风系统，不仅能以经济的方式向井下各用风地点提供足量的新鲜空气，提供适宜的温度、湿度，保持良好的气候条件，保证井下作业人员的生命安全和改善劳动环境的需要，而且在发生灾害时能及时而有效地控制风向及风量，并配合其他措施，将事故控制在一定范围内，防止灾害的进一步扩大。时刻保证通风系统的稳定、可靠，对矿井安全生产具有重大意义。借助于现代化的信息管理技术来对矿井通风系统进行管理，实现通风系统的数字化和可视化，对主要用风地点风量、瓦斯浓度情况等进行监控，利用通风网络动态解算对通风过程进行实时解算分析，一旦发现安全隐患即发出报警信息，可为矿井通风提供可靠技术支撑。

煤矿井下巷道中各个位置的工况参数处在不停的变化之中，煤矿安全监控系统获得的实时数据通常以纯数据形式为主。由于数据传递的信息不具备直观性，调度人员在分析处理这些数据时往往出现难理解、难对应、易出错的现象。另外，管理人员只能采用记录的方式针对瓦斯突出、火灾等灾害监测信息作出统计，无法进行灾害的及时预测预报以及有关动态图像的显示。

本数字通风系统所开发的矿井通风监测与预警系统，主要实现对矿井巷道及工作面中的通风数据的实时监测与分析，在三维巷道可视化系统的基础上，将实时监测数据动态显示在三维通风系统图形上，实现图形与数据的实时交互；另外，实时数据的采集主要通过连接矿井安全监控系统数据库，监测数据来源于井下布置的监控分站与各类传感器，因此与通风流监测数据相关的井下分站与传感器的布置同样需要可视化，即实现通风实时监控数据、监测位置、传感器位置、监测分站与三维可视化图形的结合。在通风流实时监测可视化的基础上，通过建立通风预警指标与预警数学模型，实现通风异常信息的预测与预报。

§4.1 矿井安全生产监控系统主要性能与技术指标

矿井安全生产监控系统主要用于甲烷、CO、风速、负压、环境温度等环境安全参数的监测，瓦斯超限报警和断电，风、瓦斯、电闭锁和主要设备工况监控，是传感器技术、信息传输技术、信息处理技术、计算机应用技术、多媒体技术、电源技术、电气防爆技术和控制技术在矿井安全生产监控领域应用的产物，对保障煤矿安全生产，提高生产率和设备利用率具有十分重要的作用，因此得到了越来越广泛的应用。

矿井安全生产监控系统主要性能及技术指标要求如下：

（1）系统应具有甲烷、风速、压差、CO、温度等模拟量监测，馈电状态、设备开停、风筒开关、烟雾等开关量监测和累计量监测功能。

（2）系统应具有甲烷浓度超限声光报警和断电/复电控制功能。

（3）系统应具有风、瓦斯、电闭锁功能。

（4）系统应具有断电状态监测功能。

(5) 系统应具有中心站手动遥控断电/复电功能，断电/复电响应时间应不大于系统巡检周期。

(6) 系统应具有异地断电/复电功能。

(7) 系统应具有备用电源。

(8) 系统应具有自检功能。

(9) 系统主机应双机备份，并具有手动切换功能（自动切换功能可选）。

(10) 系统应具有实时存盘功能。

(11) 系统应具有列表显示功能。

(12) 系统应具有模拟量实时曲线和历史曲线显示功能。

(13) 系统应具有柱状图显示功能，以便直观地反映设备开机率。

(14) 系统应具有模拟动画显示功能，以便形象、直观、全面地反映安全生产状况。

(15) 系统应具有系统设备布置图显示功能，以便及时了解系统配置、运行状况，便于管理与维修。

(16) 系统应具有报表、曲线、柱状图、模拟图、初始化参数等召唤打印功能（定时打印功能可选），以便于报表分析。

(17) 系统应具有人机对话功能，以便于系统生成、参数修改、功能调用。

(18) 系统应具有防雷措施，防止雷电击毁设备，引起井下瓦斯爆炸。

(19) 系统应具有抗干扰措施，防止架线电机车火花、大型机电设备启/停等电磁干扰影响系统的正常工作。

(20) 系统分站应具有初始化参数掉电保护功能，以防分站停电后，初始化参数丢失。

(21) 系统应具有工业电视图像等多媒体功能，以便于提高信息的利用率。

(22) 系统应具有网络通信功能，以便于矿领导及上级主管部门对监控信息的利用。

(23) 地面设备应具有防静电措施。

(24) 系统应工作稳定，性能可靠，出厂前要进行连续 7 天的稳定性试验，系统软件死机率应小于 1 次/720h。

(25) 系统调出整幅实时数据画面的响应时间应小于 5s。

(26) 电源波动适应范围：①90%～110%（地面）；②75%～115%（井下）。

(27) 系统的传输距离、传输处理误差、最大巡检周期、传输速率、误码率、最大节点容量等与传输有关的要求应符合有关行业标准。

§4.2 矿井安全监测参数

4.2.1 矿井安全监测参数的基本特点分析

煤矿安全监测监控系统周而复始地对井下 CH_4、CO、O_2、CO_2 等气体浓度和风速、负压、粉尘浓度等环境参数进行检测，并且对设备运行状态进行监测监控。监测系统的数据采集及传输是在煤矿生产环境中完成的，由于井下环境条件恶劣，会使监测系统部件受到温度、灰尘、水蒸汽等各种干扰因素的影响，并且在监测数据的采集、传输、存储及处理过程中，还可能存在传感器故障、存储介质故障及网络传输故障、电磁干扰以及人为管理问题的影响。因此，煤矿井下特殊、复杂的生产环境与监测系统本身的局限性，使得通过监测监控系统采集到的瓦斯监测数据往往存在数据异常、数据缺失和监测精度不可靠的可能，包含噪声，表现出复杂、非线性的特性。

4.2.1.1 异常数据

异常数据可能产生于正常的矿井生产环境，也可能由井下某一区域发生了显著异常引起。在正常生产条件下，由于井下环境恶劣，存在着各种干扰源，传感器输出的微弱信号很容易受到干扰，产生异常数据。比如传感器信号向分站传输过程中，遇有线路接触不良或者电磁干扰就有可能造成虚假信号；井下机电设备启/停时发出的电磁干扰，强干扰脉冲能在瞬间淹没传感器信号等，都可能会产生异常数据。在矿井某一区域发生灾变的条件下，使得瓦斯积聚产生极大值等也是产生异常数据的原因。

在正常生产条件下，异常数据出现的概率不大。若异常数据源于系统故障或环境干扰，其存在将影响数据的真实性和准确性。这类异常数据明显偏离其他数据的总体分布，不符合数据的整体统计特性，会影响到预测结果的准确性。如瓦斯浓度监测数据中连续出现零值的情况，对数据分析处理的影响较大，因而在瓦斯监测数据分析中应该将其剔除或替代。另一方面，由于异常数据也可能是客观地反映了瓦斯涌出的异常变化，因而对小概率的高瓦斯浓度测值不能作简单的剔除。由于小概率的高瓦斯浓度数据受偶然瞬时因素的影响较大，在纳入预测分析时需预先规范化处理。

4.2.1.2 数据缺失

煤矿安全监测监控系统按照设定的巡检周期进行实时数据采集，但是在实际运行中，由于受井下环境变化或供电中断、传感器故障、网络传输故障等多种因素的影响，使得实际得到的监测数据并不是时间间隔均匀的数据序列，经常会存在数据缺失，并且这种数据缺失是大量存在的。监测系统发生故障的原因主要有监测系统主机、转换器、信号传输设备、井下分站、传感器以及配套电源等部件发生故障。如系统的断电引起数据丢失；主机组态软件出现错误造成系统短时故障引起数据丢失；分站电源故障引起分站和传感器无法工作，造成数据丢失；通信线路受高电压冲击、电火花等干扰引起信号中断，造成数据丢失；供电设备处于反复开停的运行状态时，需人工对监测探头复电造成的数据缺失。还有其他一些人为管理因素，主要包括瓦斯传感器维护不当、通信线路维护不当引起的数据丢失等。

数据缺失影响到原始监测数据的完整性，缺失数据会影响从监测数据中提取某个时段的时间序列有用信息，会使预测过程中形成不合理的分析模型，导致预测精度下降，因此，必须对缺失数据进行处理，对缺失数据补齐可使数据尽可能恢复其应有的完整性，以提高预测准确性。

4.2.1.3 噪声

煤矿井下采集到的监测数据中包含的噪声信号是由采集、传输、储存以及处理等过程中受到人为与环境因素共同作用所致。在数据采集过程中，由于煤矿井下环境条件恶劣，各种有毒有害的气体可造成元件灵敏度下降。如高温使得元件催化剂迅速挥发和烧结，造成灵敏度显著下降；在高突矿井中，元件经常受到高浓度沼气冲击，引起载体催化元件灵敏度下降；煤尘与水蒸汽影响等都会引入噪声数据，造成监测数据精度降低；传输过程中，通信线路受高电压冲击、电火花等干扰，造成监测数据精度降低；储存和处理过程中的存储介质故障和系统组件错误等也会使监测数据中混入噪声数据，造成监测数据精度降低。

由于从煤矿井下获得的实际安全监测数据都包含噪声，噪声数据的存在影响了监测数据的准确性和可靠性，使得监测数据表现出分散性。在应用监测数据进行瓦斯浓度、一氧化碳浓度、风量、风压、温度等预测时，噪声数据的存在会直接影响计算的准确性和降低计算性能，影响预测的准确性和有效性。因此，需要对监测数据进行有效的噪声平滑处理，通过对噪声平滑处理尽可能恢复监测数据的真实性，提取监测数据中的有效信息，对由各种因素所造成的数据分散等特征进行复原，以得到尽可能准确可靠的数据。

4.2.1.4 监测数据的复杂、非线性特性

煤矿现场积累着大量、长时段的监测数据，形成时间跨度大、特征复杂的时间序列。如矿井瓦斯监测数据受瓦斯涌出量、风流及监测系统本身的因素影响，包括煤层和围岩的瓦斯含量、地面大气压变化等自然因素，以及开采规模、开采顺序与回采方法、生产工艺、风量变化、采空区的密闭质量等开采技术因素；井下风流的影响因素又包括通风网络结构的变化、巷道风阻的变化、系统通风动力的变化等。因而煤矿瓦斯监测数据构成高度复杂的、非线性的时间序列，需要对其进行分解处理，降低问题的复杂度，以利于提高预测性能与精度。

4.2.1.5 监测精度不可靠

监测数据精度不可靠的主要原因是传感器因调校不规范而误差过大，将直接影响安全管理及预测效果，需要现场技术人员提高业务水平。另一方面，在传感器自身精度合理的条件下，部分低瓦斯浓度测值的监测点，如瓦斯浓度整体处于 0.1% 以内的监测点，作预测分析的客观必要性不大，因而不宜纳入预测处理的范围。

综上所述，煤矿现场的瓦斯监测数据是大量、长时段数据构成高度复杂的、非线性的时间序列，并且实际监测数据还是时间间隔不均匀，甚至有较长时段数据缺失的含噪声序列，使得瓦斯浓度时间序列分析成为高度复杂、非线性问题。首先要对监测数据进行预处理，处理异常数据，对缺失数据补齐，使得预处理后的数据能够尽可能成为时间间隔均匀且尽可能完整、可靠的数据；对时间序列进行消噪处理，消除噪声干扰，并且对复杂时间序列进行分解简化，以降低预测复杂度，提高预测精度。

4.2.2 安全监测对象

煤矿井下环境以及煤矿安全生产的要求决定了矿井的基本监测对象，矿井环境监测内容主要是井下各种有毒有害气体及工作面的作业条件，主要包括瓦斯浓度、一氧化碳浓度、风速、温度等环境参数；另一类监控对象是井上、井下主要生产环节的各种生产参数和重要设备的运行状态参数，如煤仓煤位、水仓水位、供电电压、供电电流、功率等模拟量，风门、风筒的开关状态，设备馈电与断电的控制状态，皮带、主扇、局扇的控制与开停状态等。

4.2.2.1 瓦斯浓度监控

监控内容包括：瓦斯传感器分布、各瓦斯传感器的当前值、瓦斯超标或出现危险值地点

的分布、各瓦斯传感器的工作状态、故障瓦斯传感器的分布、重点监控点的瓦斯变化曲线（历史、当日）。

4.2.2.2 一氧化碳浓度监控

监控内容包括：一氧化碳传感器分布、各一氧化碳传感器的当前值、一氧化碳超标或出现危险值地点的分布、各一氧化碳传感器的工作状态、故障一氧化碳传感器的分布、重点监控点的一氧化碳变化曲线（历史、当日）。

4.2.2.3 风量监控

监控内容包括：风速传感器分布、各巷道的当前风量、各风速传感器的工作状态、故障风速传感器的分布、重要巷道的风量变化曲线（历史、当日）。

4.2.2.4 风压监控

监控内容包括：风压传感器分布、各风压传感器的工作状态与对应的风压监测分站分布。

4.2.2.5 温度监控

监控内容包括：温度传感器分布、各温度传感器的当前值、温度超标或出现危险值地点的分布、各温度传感器的工作状态、故障温度传感器的分布、重点监控点的温度变化曲线（历史、当日）。

4.3.2.6 设备开/停与风门状态监测

设置风门和巷道之间的联系，确定井下监控设备与分站位置，根据地下监控点传到地上的数据，显示当前设备开/停状态、风门及相关巷道状态。根据数据库服务器中实时监测到的设备开/停与风门数据，查看设备与风门的状态。若有设备或风门损坏，可以提供警报信息，利用其和巷道之间的联系查看涉及到的巷道。

§4.3 传感器选择

传感器是实现测量与控制的首要环节，是安全监控系统实现对井下各种环境参数和工况参数采集的关键部件，井下传感器的选择主要基于安全监测参数，针对不同的监测参数选用相应的传感器，主要有瓦斯传感器，一氧化碳传感器，风速传感器，风压传感器，温度传感器，机电设备开/停传感器，风门、风筒状态传感器，断电、馈电传感器等。

4.3.1 瓦斯传感器

瓦斯传感器是用来连续监测井下巷道中甲烷浓度的装置，通常监测系统采用数字式 CH_4 气体浓度测量仪器。其利用热催化原理，电流通过涂有催化剂的监测组件时，仪器的温度会根据周围环境中的瓦斯浓度变化而改变，继而仪器的电阻也会发生变化，造成监测桥路平衡被打破，产生输出电压信号，通过放大转换，该信号以频率脉冲信号的形式传输至控制器或分站。

《煤矿安全规程》根据井下各地点实际情况,针对不同作业地点瓦斯浓度提出不同要求,各地点安装的瓦斯传感器的报警浓度、断电浓度、复电浓度等参数按表4-1进行设置。

如果瓦斯浓度超过表4-1规定设置的报警范围,中心站和传感器则发出声光报警,并通过手机短信的形式通知相关人员进行处理,可最大限度地缩短救灾时间;如果瓦斯浓度超出表4-1规定设置的断电范围,系统将自动切断瓦斯传感器控制范围内全部非本质安全型电气设备,杜绝发生事故。

表4-1 井下各地点瓦斯传感器报警浓度、断电浓度、复电浓度参数设置

瓦斯传感器设置地点	报警浓度(%)	断电浓度(%)	复电浓度(%)	断电范围
低瓦斯和高瓦斯矿井的采煤工作面	≥1.0	≥1.5	<1.0	工作面及其回风巷道内全部非本质安全型电气设备
采用串联通风的被串采煤工作面进风巷	≥0.5	≥0.5	<0.5	被串采煤面巷道内全部非本质安全型电气设备
采煤机	≥1.0	≥1.5	<1.0	采煤机电源
低瓦斯、局瓦斯、煤(岩)与瓦斯突出矿井的煤巷、半煤岩巷和有瓦斯涌出的岩巷掘进工作面	≥1.0	≥1.5	<1.0	掘进巷道内全部非本质安全型电气设备
采用串联通风的被串掘进工作面局部通风机前	≥0.5	≥0.5	<0.5	被串掘进巷道内全部非本质安全型电气设备
掘进机	≥1.0	≥1.5	<1.0	掘进机电源
回风流中机电设备硐室进风侧	≥0.5	≥0.5	<0.5	机电设备硐室内全部非本质安全型电气设备
兼做回风井的装有带式输送机的井筒	≥0.5	≥0.7	<0.7	井筒内全部非本质安全型电气设备
矿井总回风巷或一翼回风巷中	≥0.75			
采区回风巷	≥1.0			

4.3.2 一氧化碳传感器

一氧化碳传感器的工作原理与瓦斯传感器类似,用于连续监测矿井中煤层自然发火及胶带输送机胶带等着火时产生的一氧化碳浓度。

有些国家对工作场所的一氧化碳允许体积分数都做了规定。炼钢厂工作人员、消防人员、高速公路收费员、矿坑工作从业人员较可能暴露在高体积分数一氧化碳环境中;在生活中,堵塞的交通、在密闭房间内抽烟,甚至煤气、瓦斯等不完全燃烧的室内、火灾现场等,均可能使空气中的一氧化碳体积分数超过允许标准。因此,对生活、工作环境中的一氧化碳体积分数实施准确而有效的检测与报警是与人类生态和工作环境相关的一个重要问题。

4.3.3 风速传感器

风速传感器是用来连续监测矿井通风巷道中风速大小的装置,风速的测定工作主要依据

超声波进行。《煤矿安全规程》对井下不同巷道中的风流速度范围进行限制,如表 4-2 所示。风速一旦超出表中规定的范围,中心站和传感器则发出声光报警,并通过手机短信的形式通知相关人员进行处理,最大限度地缩短救灾时间。

表 4-2 巷道中的允许风速

井巷名称	允许风速（m/s）	
	最低	最高
无提升设备的风井和风硐		15
专为提升物料的井筒		12
风桥		10
升降人员和物料的井筒		8
主要进、回风巷		8
架线电机车巷道	1.0	8
运输机巷，采区进、回风巷	0.25	6
采煤工作面、掘进中的煤巷和半煤岩巷	0.25	4
掘进中的岩巷	0.15	4
其他通风行人巷道	0.15	

4.3.4 风压传感器

风压传感器是用来连续监测矿井通风机、风门、密闭巷道、通风巷道等地点通风压力的装置,利用真空模盒与弹性体的形变原理制成的。利用该仪器,可以连续监测井下风机房、风门、密闭、通风巷道等处的压差。

主要通风机的风硐应设置风压传感器。受到井巷的阻力作用,空气井下流动时具有一定的黏性,需要一定的压力才能流动。风压越大,空气流动越快,从而越有利于快速排除井下各种有毒有害气体和粉尘,为井下工作人员提供新鲜的空气和良好的作业环境。按既定的通风线路,顺序测得前后两点的风压,即为其通风阻力,将线路全长各段井巷的通风阻力相加,即可得该条线路的矿井总阻力。根据风压的变化,可实时了解巷道风阻的变化情况,及时调节通风构筑物,节约能耗。

4.3.5 温度传感器

矿井环境温度监测是矿井安全监测的重要内容之一。温度传感器是连续监测矿井环境温度高低的装置。

井下各地点温度要求按照《煤矿安全规程》规定执行：

(1) 进风井口以下的空气温度（干球温度,下同）必须在 2 ℃ 以上。

(2) 生产矿井采掘工作面空气温度不得超过 26 ℃,机电设备硐室的空气温度不得超过 30 ℃,当空气温度超过时,必须缩短超温地点工作人员的工作时间,并给予高温保健待遇。

(3) 采掘工作面的空气温度超过 30 ℃、机电设备硐室的空气温度超过 34 ℃ 时,必须停止作业。

4.3.6 机电设备开/停传感器

机电设备开/停传感器是针对设备工作运行状态进行监测的装置,一般设置在被检测设备的电源电缆上,以实现对矿井风机、运输机、绞车等设备的监测。

煤矿井下机电设备(如风机、水泵、局扇、采煤机、运输机、提升机等)开/停状态对于矿井安全生产起到非常重要的作用,安全监控系统利用开/停传感器对被监测电气设备供电电缆通电情况来判断设备的开/停状态,并将设备开/停状态信号转换成各种标准信号,传送给矿井生产安全监测系统,最终实现井下机电设备开/停状态自动监控的功能。

同时,为监测因通风瓦斯超限时断电命令执行情况,必须用断电馈电传感器监测控制器控制开关下游线路的通电来监测控制器是否真正执行断电命令,断电馈电传感器为开/停传感器的一种形式,只是使用途径不同,断电馈电传感器是根据控制器控制线路通电情况,判断馈电传感器有"开"和"停"两种工作状态,显示控制器执行情况。

4.3.7 风门、风筒状态传感器

风门状态传感器是针对矿井风门开关状态进行监测的装置,风筒传感器用于连续监测局部通风机风筒"有风"或"无风"状态。风门状态传感器主要通过磁控开关来指示风门的工作状态。利用磁性体靠近或离开弹簧管组件时接点的闭合、断开状态,分别输出风门的关闭、打开信号给控制器,来完成针对风门开关状态的连续监测。

《煤矿安全规程》规定:装备矿井安全监控系统的矿井,主要风门应设置风门开关传感器,风门作为一种主要的通风构筑物,其开关状态对整个通风系统是否稳定、是否会影响矿井安全生产起着非常重要的作用,为加强矿井井下风门管理,及时发现矿井井下风门不合理工作状态,防止因矿井主要通风巷道风流短路致使采掘工作地点发生瓦斯积聚等事故发生,必须对井下风门开关状态进行监测。

4.3.8 远程断电、馈电传感器

远程断电仪可以实现对监测地点的远程断电控制,馈电传感器主要用于监测断电仪断电后机电设备的电源侧是否有电。

§4.4 传感器布置

井下传感器的布置主要根据矿井的通风系统和安全状况所需监测的地点和参数来确定。具体布置原则如下。

4.4.1 瓦斯传感器的布置

(1) 瓦斯传感器需要垂直悬挂,其布置的位置距顶板距离不得大于30cm,距巷壁距离不得小于20cm。

(2) 瓦斯传感器的报警浓度、断电浓度、复电浓度和断电范围及便携式瓦斯检测报警仪的报警浓度按表4-3设置。

第 4 章 矿井通风监测与预警系统

表 4-3 瓦斯传感器参数设置要求

瓦斯传感器或便携式瓦斯检测报警仪设置地点	瓦斯传感器编号	报警浓度 %CH$_4$	断电浓度 %CH$_4$	复电浓度 %CH$_4$	断电范围
采煤工作面上隅角	T_0	≥1.0	≥1.5	<1.0	工作面及其回风巷内全部非本质安全型电气设备
采煤工作面上隅角设置的便携式瓦斯检测报警仪		≥1.0			
低瓦斯和高瓦斯矿井的采煤工作面	T_1	≥1.0	≥1.5	<1.0	工作面及其回风巷内全部非本质安全型电气设备
煤与瓦斯突出矿井的采煤工作面	T_1	≥1.0	≥1.5	<1.0	工作面及其进、回风巷内全部非本质安全型电气设备
采煤工作面回风巷	T_2	≥1.0	≥1.0	<1.0	工作面及其回风巷内全部非本质安全型电气设备
煤与瓦斯突出矿井的采煤工作面进风巷	T_3	≥0.5	≥0.5	<0.5	进风巷内全部非本质安全型电气设备
采用串联通风的被串采煤工作面进风巷	T_4	≥0.5	≥0.5	<0.5	被串采煤工作面及其进、回风巷内全部非本质安全型电气设备
采用两条以上巷道回风的采煤工作面第二、第三条回风巷	T_5 T_6	≥1.0 ≥1.0	≥1.5 ≥1.5	<1.0 <1.0	工作面及其回风巷内全部非本质安全型电气设备
专用排瓦斯巷	T_7	≥2.5	≥2.5	<2.5	工作面及其回风巷内全部非本质安全型电气设备
有专用排瓦斯巷的采煤工作面混合回风流处	T_8	≥1.0	≥1.0	<1.0	工作面及其回风巷内全部非本质安全型电气设备
高瓦斯、煤与瓦斯突出矿井采煤工作面回风巷中部		≥1.0	≥1.0	<1.0	工作面及其回风巷内全部非本质安全型电气设备
采煤机		≥1.0	≥1.5	<1.0	采煤机及工作面刮板输送机电源
采煤机设置的便携式瓦斯报警仪		≥1.0			
煤巷、半煤岩巷和有瓦斯涌出岩巷的掘进工作面	T_1	≥1.0	≥1.5	<1.0	掘进巷道内全部非本质安全型电气设备
井下煤仓上方、地面选煤厂煤仓上方		≥1.5	≥1.5	<1.5	储煤仓运煤的各类运输设备及其他非本质安全型电气设备
封闭的地面选煤厂内		≥1.5	≥1.5	<1.5	选煤厂内全部电气设备
封闭的带式输送机地面走廊内,带式输送机滚筒上方		≥1.5	≥1.5	<1.5	带式输送机地面走廊内全部电气设备
地面瓦斯抽放泵站室内		≥0.5	—	—	
井下临时瓦斯抽放泵站内下风侧栅栏外		≥0.5	≥1.0	<0.5	瓦斯抽放泵站电源
瓦斯抽放泵站输入管路中		≤25			
利用瓦斯时,瓦斯抽放泵站输出管路中		≤30	—	—	—
不利用瓦斯、采用干式抽放瓦斯设备时,瓦斯抽放泵站输出管路中		≤25	—	—	—

(3) 采煤工作面瓦斯传感器的布置

1) 长壁采煤工作面瓦斯传感器应按图 4-1 布置。U 形通风方式在上隅角设置瓦斯传感器 T_0 或便携式瓦斯检测报警仪,工作面设置瓦斯传感器 T_1,工作面回风巷设置瓦斯传感器 T_2;若煤与瓦斯突出矿井的瓦斯传感器 T_1 不能控制采煤工作面进风巷内全部非本质安全型电气设备,则在进风巷设置瓦斯传感器 T_3;低瓦斯和高瓦斯矿井采煤工作面采用串联通风时,被串工作面的进风巷设置瓦斯传感器 T_4,如图 4-1 (a) 所示。Z 形、Y 形、H 形和 W 形通风方式的采煤工作面瓦斯传感器的设置参照上述规定执行,如图 4-1 (b)、图 4-1 (c)、图 4-1 (d)、图 4-1 (e) 所示。

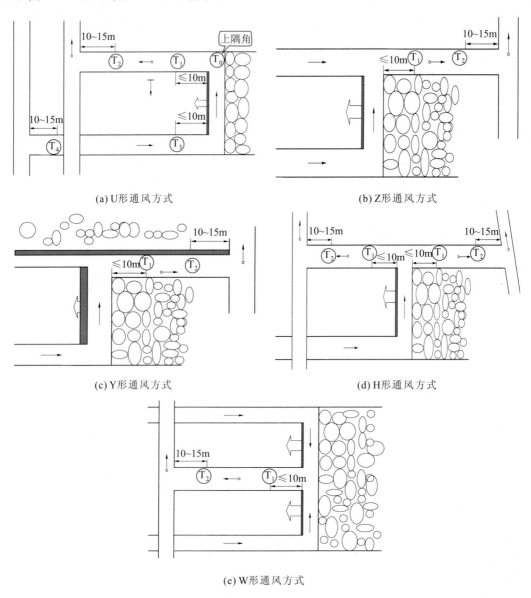

图 4-1 采煤工作面瓦斯传感器的布置

2) 采用两条巷道回风的采煤工作面瓦斯传感器应按图 4-2 设置。瓦斯传感器 T_0、T_1 和 T_2 的设置同图 4-1（a）；在第二条回风巷布置瓦斯传感器 T_5、T_6。采用三条巷道回风的采煤工作面，第三条回风巷瓦斯传感器的布置与第二条回风巷瓦斯传感器 T_5、T_6 的布置相同。

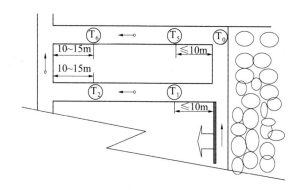

图 4-2 采用两条巷道回风的采煤工作面瓦斯传感器的布置

3) 有专用排瓦斯巷的采煤工作面瓦斯传感器应按图 4-3 布置。瓦斯传感器 T_0、T_1、T_2 的布置同图 4-6（a）；在专用排瓦斯巷布置瓦斯传感器 T_7，在工作面混合回风风流处布置瓦斯传感器 T_8，如图 4-3（a）、图 4-3（b）所示。

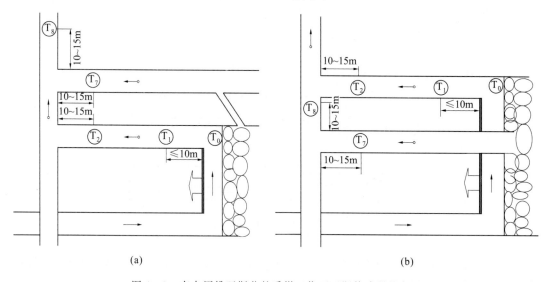

图 4-3 有专用排瓦斯巷的采煤工作面瓦斯传感器的布置

4) 高瓦斯和煤与瓦斯突出矿井采煤工作面的回风巷长度大于 1 000m 时，应在回风巷中部增设瓦斯传感器。

5) 采煤机应设置机载式瓦斯断电仪或便携式瓦斯检测报警仪。

6) 非长壁式采煤工作面瓦斯传感器的布置参照上述规定执行，即在上隅角布置瓦斯传感器 T_0 或便携瓦斯检测报警仪，在工作面及其回风巷各布置 1 个瓦斯传感器。

(4) 掘进工作面瓦斯传感器的布置

1) 如图 4-4 所示,煤巷、半煤岩巷和有瓦斯涌出岩巷的掘进工作面均需要布置瓦斯传感器,同时需要进行瓦斯风电闭锁。瓦斯传感器 T_1、T_2、T_3 分别布置在工作面混合风流处、工作面回风流中以及串联通风掘进工作面的局部通风机前。

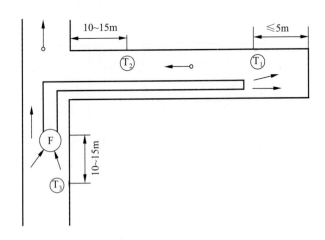

图 4-4 掘进工作面瓦斯传感器的布置

2) 高瓦斯和煤与瓦斯突出矿井双巷掘进瓦斯传感器应按图 4-5 布置。瓦斯传感器 T_1 和 T_2 的布置同图 4-4;在工作面混合回风流处布置瓦斯传感器 T_3。

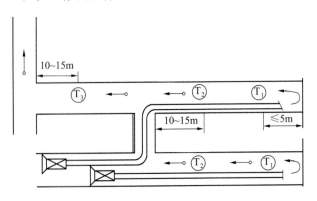

图 4-5 双巷掘进工作面瓦斯传感器的布置

3) 针对高瓦斯矿井以及突出矿井,若掘进工作面长度大于 1 000m,则需要布置瓦斯传感器于掘进巷道的中部。

4) 掘进机应设置机载式瓦斯断电仪或便携式瓦斯检测报警仪。

(5) 矿井下测风站的附近应布置瓦斯传感器。

(6) 若机电硐室位于风路的回风流中,则需将瓦斯传感器布置在此硐室的进风侧,如图 4-6 所示。

(7) 主要运输巷道内若使用架线电机车,则装煤点处应布置瓦斯传感器,如图 4-7 所示。

(8) 对于高瓦斯矿井,若需要使用架线电机车在进风巷道内进行运输,在瓦斯涌出巷道

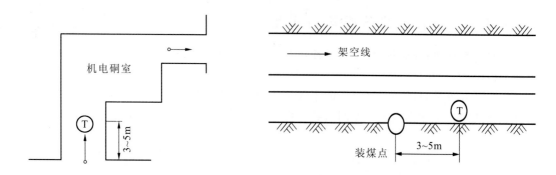

图 4-6　回风流中的机电硐室瓦斯传感器的布置　　图 4-7　装煤点瓦斯传感器的布置

的下风流中应布置瓦斯传感器,如图 4-8 所示。

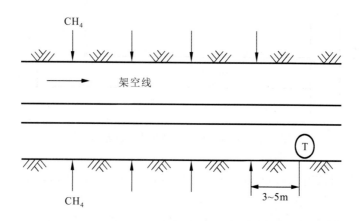

图 4-8　瓦斯涌出巷道的下风流中瓦斯传感器的布置

（9）矿用防爆特殊型蓄电池电机车应布置车载式瓦斯断电仪或便携式瓦斯检测报警仪；矿用防爆型柴油机车应布置便携式瓦斯检测报警仪。

（10）兼做回风井的装有带式输送机的井筒内应布置瓦斯传感器。

（11）采区回风巷、一翼回风巷及总回风巷道内临时施工的电气设备上风侧 10~15m 处应布置瓦斯传感器。

（12）井下煤仓、地面选煤厂煤仓上方应布置瓦斯传感器。

（13）封闭的地面选煤厂机房内上方应布置瓦斯传感器。

（14）封闭的带式输送机地面走廊上方宜布置瓦斯传感器。

（15）瓦斯抽放泵站瓦斯传感器的布置：

1）地面瓦斯抽放泵站内应在室内布置瓦斯传感器。

2）井下临时瓦斯抽放泵站下风侧栅栏外应布置瓦斯传感器。

3）抽放泵输入管路中应布置瓦斯传感器。利用瓦斯时,应在输出管路中布置瓦斯传感器；不利用瓦斯、采用干式抽放瓦斯设备时,输出管路中也应布置瓦斯传感器。

4.4.2 一氧化碳传感器的布置

(1) 一氧化碳传感器需要垂直悬挂,其布置的位置距顶板距离不得大于 30cm,距巷壁距离不得小于 20cm。

(2) 开采容易自燃、自燃煤层的采煤工作面必须至少布置一个一氧化碳传感器,地点可布置在上隅角、工作面或工作面回风巷,报警浓度为 $\geqslant 0.0024\%$CO,如图 4-9 所示。

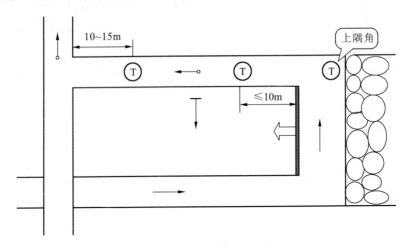

图 4-9 采煤工作面一氧化碳传感器的布置

(3) 带式输送机滚筒下风侧 $10\sim 15$m 处宜布置一氧化碳传感器,报警浓度为 0.0024%CO。

(4) 自然发火观测点、封闭火区防火墙栅栏外宜布置一氧化碳传感器,报警浓度为 0.0024%CO。

(5) 开采容易自燃、自燃煤层的矿井,采区回风巷、一翼回风巷、总回风巷应布置一氧化碳传感器,报警浓度为 0.0024%CO。

4.4.3 风速传感器的布置

风速传感器应设置在巷道前后 10m 内无分支风流、无拐弯、无障碍、断面无变化、能准确计算风量的地点,当风速低于或超过《煤矿安全规程》的规定值时,应发出声、光报警信号。井巷中允许的风流速度如表 4-4 所示。根据矿井安全生产的实际需要,以下区域均须安装风速传感器:

(1) 回风井。风机为通风系统提供机械动力,是矿井通风系统的心脏,它把生产过程中被污染的空气排出。回风井是安装风机的分支,当风阻变化时,绝大多数分支的风量将会随之发生变化,对系统可能产生全局性的影响,因此需要安设风速传感器。

(2) 进风井。对于进风井,当它的分支风阻变化时,大多数分支的风量也将会随之发生变化,同样有可能对系统产生全局性的影响,是影响通风系统的主要因素,因而需要安设风速传感器。

(3) 进风分支。进风分支为工作面提供新鲜的风流,其风阻风量变化对安全生产有较大的影响,应当安设风速传感器。但对整个通风系统而言,这种影响是局部的。

(4) 回风分支。与进风分支相比,回风分支要比较集中一些。对于多进多出的矿井通风系统来说,回风分支风阻变化对回风井风量的变化所起的作用也是局部的。

(5) 工作面。工作面包括回采工作面、掘进工作面、开拓工作面和备用工作面等。井下正常开采时,有很多用风点,工作面就是一个最主要的用风点,井下要进行正常生产,必须保证工作面的风量稳定。

表 4-4 井巷中允许的风流速度

井巷名称	允许风速(m/s)	
	最低	最高
无提升设备的风井和风硐		15
专为升降物料的井筒		12
风桥		10
升降人员和物料的井筒		8
主要进、回风巷		8
架线电机车巷道	1.0	8
运输机巷,采区进、回风巷	0.25	6
采煤工作面、掘进中的煤巷和半煤岩巷	0.25	4
掘进中的岩巷	0.15	4
其他通风人行巷道	0.15	

4.4.4 风压传感器的布置

风压传感器布置在主要通风机的风硐内。

4.4.5 温度传感器的布置

温度传感器按如下布置:

(1) 温度传感器需要垂直悬挂,另外,其布置的位置距顶板距离不得大于 30cm,距巷壁距离不得小于 20cm。

(2) 温度传感器还需布置在易自燃煤层或地温较高的工作面处,报警值为 30℃,如图 4-10 所示。

(3) 机电硐室内应布置温度传感器,报警值为 34℃。

4.4.6 开关量传感器的布置

开关量传感器按如下布置:

(1) 主要通风机、局部通风机必须布置设备开/停传感器。

(2) 矿井和采区主要进回风巷道中的主要风门必须布置风门开关传感器。当两道风门同时打开时,发出声光报警信号。

(3) 掘进工作面局部通风机的风筒末端宜布置风筒传感器。

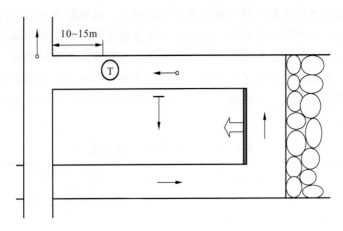

图 4-10 采煤工作面温度传感器的布置

(4) 为监测被控设备瓦斯超限是否断电,被控开关的负荷侧应布置馈电传感器。

§4.5 实时数据通信

获取实时数据是整个通风监测与预警系统的基础,为此需要对监控数据的转换和传输技术进行研究。数据的通信主要包括两个过程,即井下的实时监控数据与相应的布置信息传输到监控中心,三维数字通风系统根据相关数据转换协议访问监控中心数据库,实现通风监测的可视化。

不同的煤矿监控系统所采用的数据通信技术方式不同,目前监控系统采用的数据通信方式主要有串口侦听、数据库访问方式、文件交换方式、动态数据交换技术和 OPC 技术。串口侦听是早期许多监控系统较普遍采用的通信方式,由于可靠性和准确性低,现在应用得并不广泛。其余几种技术由于其特性不同,在煤矿监控系统的具体应用场合也各有差异,但这几种技术在互操作性、通信效率、通讯特性、可监控性、可配置性方面都表现出了一定的优势。

4.5.1 数据库的选择

无论使用何种工具开发数据库应用,数据库都是根本,那么选择哪种数据库就成为一个重要的问题。数据库系统发展到现今已经经过了三代,现有的数据库系统(RDBMS)很多,常见的有 Oracle、Sybase、Informix、Ingres、SQLServer、Access、FoxPro 等系统,它们基本都是关系型数据库系统。

Microsoft Access 数据库包含在 Microsoft Office 中,是 Microsoft 公司出品的小型数据库软件。Microsoft Access 可以在单一的数据库文件中管理所有的信息。在这个文件中,用户可以将自己的数据分别保存在各自独立的存储空间中,这些空间称做表。可以使用联机窗体来查看、添加及更新表中的数据,使用查询来查找并检索所要的数据,也可以使用报表以特定的版面布置来分析及打印数据。数据只需在表中存储一次,就可以在不同的地方查看。

当某一数据更新时,所有显示该数据的地方都将自动更新。Access 具有数据库安全功能,当设置数据库密码时,打开数据库文件,只有密码输入正确,才能进入数据库,并能对数据库按字段进行升序、降序排列,还具有增加、删除、编辑数据库中的记录和字段,建立表与表之间的关系等功能。由此可见,Access 数据库普及面大且简单易学,本书选用它作为矿井通风系统其附属结构物数据库的制作软件。

4.5.2 数据库的访问方式

数据库是管理大规模结构化数据存储的首选,对于煤矿系统也不例外,探讨数据库访问模式和机制是研究数据共享和服务的基础。微软在数据访问技术上先后推出了 ODBC、DAO、RDO、OLEDB 和 ADO 等多种模型,已经从最初对关系型数据库的访问扩展到对电子表格、文件目录、电子邮件、文本文件等数据源的管理,且功能、性能和易用性都得以逐步提高。

4.5.3 文件交换方式

文件交换是非结构化数据通信的主要方式,也是最直接和最简便的方式。文件交换的基本原理是使用文件共享协议,在两个需要交换文件的系统间建立共享目录,然后两个系统按照约定的格式、时间进行文件更新和读取,从而实现系统间的数据交换和共享。文件共享的协议可以根据具体的需求选择不同的模式,对于简单的局域网文件共享可以选取 netbios 文件共享协议,而在 Internet 环境下,可以选用 ftp 或者 Web 服务器模式实现文件共享。一般将共享目录建立在数据提供者所在的主机上,而数据访问者可通过相关协议进行文件下载或直接读取,其结构如图 4-11 所示。

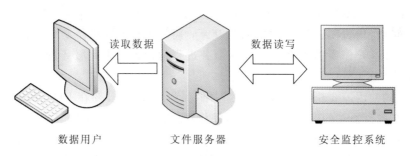

图 4-11 文件交换数据转换方法图

文件共享是以文件为单位的,因此一般不支持多用户的读写操作,当两个系统同时读写文件时会产生文件冲突,发生误读或数据不一致的问题。解决这个问题的基本方法是从时间上来避免两个系统的同时读写行为。一般采用两种方式:一种是将两个系统操作的时间分开,可以使用文件锁定或定时的方式,避免冲突。另一种可以将单位时间划分为若干时间点,不同的时间点操作不同的数据文件,数据的提供系统根据时间点写出不同的文件,数据用户依照规则读取文件,保证两个系统不会同时操作相同的文件。

使用文件交换方式的优势在于能够轻易将实时数据文件定时传送,数据交换时,只需读写监测系统的数据文件接入标准,不用解析监测系统的通信协议与外部端口的传输协议,适合在进行少量数据交换的局域网内使用。但文件交换的实时性较差,同时由于涉及到操作系统的目录管理和网络设置,因此其移植性和安全性略显不足。

4.5.4 动态数据交换

DDE（Dynamic Data Exchange，动态数据交换）是基于 Windows 消息的数据通信技术。DDE 实现了进程间数据通信，因此提供了应用程序运行时直接进行数据交换的能力。它被广泛地应用于单机上的不同进程，用于网络上时则被称为 NetDDE。应用程序的进程之间通过 DDE 数据交换完成 DDE 会话。DDE 数据提供者通过 DDE 向共享数据区动态填充数据、命令或 windows 事件消息，DDE 数据消费者使用消息机制感知共享数据的更新，然后接收数据，进而进行程序间的通信。DDE 服务器程序是 DDE 数据提供者产生 Windows 程序数据，而 DDE 客户程序是为 DDE 数据消费者从服务器中读取数据而服务。在具体实践过程中，大多使用共享内存区遵循 DDE 协议完成 DDE 会话。数据消费者请求数据读取的过程称为 DDE 链接，主要有冷链接、温链接和热链接。在冷链接模式中，DDE 数据更新不会主动通知，只有当客户提出了 DDE 请求，才会执行 DDE 数据传送。温链接则是主动通知数据更新但不执行数据传送，当客户机接收到数据通知后，再执行数据请求，获取最新数据。热链接则是数据服务者主动传送数据，它可以较好地保持数据交换双方的数据一致性。也就是说，一旦在应用程序进程间建立了热链接后，操作系统会自动更新客户端数据，完成数据的交换和共享。

NetDDE（Network DDE，网络动态数据交换）是实现在网络上的 DDE 形式，它实现了不同计算机上不同 Windows 应用程序进程间的实时数据交换。NetDDE 为在位置无关的两个应用程序进程提供数据共享，并提供一定的安全机制。NetDDE 的实现机制是：操作系统在后台运行网络映射内置模块，通过管理 DDE 函数模块交换的数据，实现数据到网络上计算机的映射，从而完成网络上进程间的通信，因此 NetDDE 也可以认为是 DDE 消息的路由器。NetDDE 通过内置模块监控 DDE 数据交互，将发生在不同机器上的 DDE 交换过程通过网络传送。NetDDE 作为单独的 Windows 服务进程运行，如果此服务进程被终止，则 DDE 不能完成数据传输。

NetDDE 的使用需要获得 NetBIOS 的网络支持，同时，需要在 DDE 服务器上建立共享 DDE 变量，对服务器端的应用程序并不需要作任何修改。同时对 NetDDE 客户，需要配置交换所需要相关主题的服务器名字，并设置网络 DDE 服务器的位置。但是由于 NetDDE 是针对 Windows 工作组开发，因此要求双方在同一局域网内才能完成数据交换，这限制了 NetDDE 在 Internet 环境下的应用。同时，由于数据通信稳定性和接口配置的复杂性，在涉及到关键设备和工业过程控制中，NetDDE 通信方式使用得并不广泛。

4.5.5 Winsock 技术

Winsock 技术就是 Windows 下网络编程的规范—— Windows Sockets 是 Windows 下得到广泛应用的、开放的、支持多种协议的网络编程接口。主要有以下部分组成：①套接口；②模型；③数据包；④函数关系。

Winsock 是基于 TCP/IP 协议的应用开发接口，也是最基础的网络通信接口。Winsock 用来在进程间完成数据通信，可以是同一机器的不同进程间，也可以是不同主机的进程间。Winsock 构建的连接可以三部分来表示：主机 IP 地址、端口、服务类型（TCP 和 UDP）。通过屏蔽网络传输层以下的结构和协议，利用 Socket 程序开发人员可以基于流模式或报文模式完成数据通信。流模式采用 TCP 协议，是面向连接的可靠性数据传输模式，数据的传输有序，且无长度限制。报文模式采用 UDP 协议，这种方式是基于无连接的非可靠性数据传输协议，因此数据传输可能会丢失、重复或乱序，单个数据传输的大小一般有长度限制。

煤矿监控系统是以 TCP/IP 协议建立通讯网络。Winsock 数据作为最简单、最方便移植的网络接口，数据连接时在服务器与客户双方处各分配一个端口，并将套接字绑定到分配端口上，从而建立起连接并完成数据通信。监控系统服务器和客户端、传感器通过直接 Winsock 建立连接，同时通过代理服务器与矿务局数据库服务器建立 socket 连接，以实现系统间数据的集成。

4.5.6 OPC 技术

OPC（Object Linking and Embedding (OLE) for Process Control），对象链接和嵌入式过程控制）是一个工业标准，包括一整套接口、属性和方法的标准集，提供给用户用于过程控制和工业自动化应用。Microsoft 的 OLE/COM 技术定义了各种不同的软件部件如何交互使用和分享数据，从而使得 OPC 能够提供通用的接口用于各种过程控制设备之间的通信。

复杂数据规范 OPC 技术的实现由两部分组成，即 OPC 服务器和 OPC 客户端部分。OPC 服务器完成的工作就是收集现场设备的数据信息，然后通过标准的 OPC 接口传送给 OPC 客户端应用。OPC 客户端则通过标准的 OPC 接口接收数据信息。其中数据访问规范提供给用户访问实时过程数据的方法；报警和事件规范提供了一种由服务器程序将现场的事件或报警通知客户程序的机制；历史数据存取规范用来提供用户得到存储在过程数据存档文件、数据库或远程终端设备中的历史数据以及来分析这些历史过程数据的方法。

在应用过程中，OPC 服务器通常包括服务器对象、组对象和项目对象等几个对象。OPC 服务器对象维护着有关服务器和适合于 OPC 组对象并作为一个容器服务器的数据信息，可动态地创建或释放组对象。而 OPC 组对象则维护着其自身的数据信息，并为容器和逻辑 OPC 项目提供运行机制。OPC 项则表示了与 OPC 服务器中数据的连接。

OPC 技术一般以 COM/DCOM、OLE 技术为基础，通常采用面向对象的软件开发统一的标准，主要以 C/S 模式为主。作为现阶段工业控制领域的标准数据集成技术，OPC 基于 COM 构建，包括一系列接口、属性和方法，大大简化了系统现场集成方式，提高了系统集成的可靠性，解决了 DDE 应用于网络等系列障碍，提供了高效数据传输性能，并具备了分布式的安全性管理机制。目前，OPC 接口已成为监控软件开发的一项必备接口，该技术也成为煤矿监控系统数据共享和集成过程中的重要通信技术。

§4.6 通风预警系统

矿井通风系统具有繁杂的空间地理属性，分布于井下生产的各个角落，是一个涉及数据多、信息量大、通风信息参数和地点分散复杂的动态系统。只有适时、准确地掌握通风网络中每段路线的情况，对潜在的风险进行监控预警，才能最大限度地避免事故的发生或降低事故造成的损失。虽然目前我国大中型矿山都装备了安全监测系统，但在信息处理、监控方式、预测预警、动态图像显示方面还存在明显不足，对存在的安全隐患和已经发生的事故不能作出及时有效的处理，无法适应现代矿山通风系统发展的需要，因此需要开发一套适用有效的通风预警系统。

4.6.1 矿井通风预警基本理论

所谓预警就是要在警情发生之前对之进行预测预报。而矿井通风信息预警是指在科学理论指导的基础上,通过建立的指标体系和预警准则,得出矿井通风信息警情状况,从而达到预警的目的。监测人员和相关管理人员可根据预警结果采取相应的调控措施,尽量避免那些可以避免的不良态势或事件的发生,最大限度地促进矿井通风持续、良好运行,保证煤矿生产安全。

4.6.1.1 传统预警系统分类及介绍

简单地说,预警原理就是预警过程中遵循的理论和原则,也就是预警理论框架。预警系统是指在一定的预警原理下,为了完成预警任务而建立的一套完整系统。

4.6.1.1.1 传统预警系统分类

传统的预警系统依据其机制可分为黑色预警系统、黄色预警系统、红色预警系统、绿色预警系统、白色预警系统。

(1) 黑色预警系统。即根据时间序列波动规律不借助于警兆直接预警。这种预警系统不引入警兆概念,只考察警情指标的时间序列变化规律,即循环波动性。根据这种循环波动的周期性、递增或递减特点,就可以对警情的走势进行预测。

(2) 黄色预警系统。即依据警兆进行预警。这是最基本的预警系统,也有人把它称为灰色分析。它根据警兆的警级预报警情的警度,是一种由因到果的分析。它又有以下几种情况:

1) 指标预警系统。这种方式是利用警兆的某种反映警级的指标来进行预警。指标预警系统不仅可以独立作为预警系统使用,而且还可以为统计和模型预警系统提供变量基础。指标预警系统类似于西方国家的先导指标预测方法,又叫做景气指标预测方法。

2) 统计预警系统。这种预警方式是对警兆与警情之间的相关关系进行统计处理,然后根据警兆的警级预测警情的警度。具体过程是首先对警兆与警情进行时差分析,确定其先导长度、相关程度,然后依据警兆变动情况,确定各警兆的警级,结合警兆的重要性进行警级综合,最后预报警度。

3) 模型预警系统。这种预警系统是在统计预警方式基础上对预警的进一步分析,是对统计预警的一种补充。其实质是建立滞后模型进行回归预测。模型预警系统是对统计预警的补充和丰富。

(3) 红色预警系统。即依据警兆以及各种因素进行预警。这种预警系统的特点是重视定性分析。主要内容是对影响警情变动的有利因素和不利因素进行全面分析,然后进行不同时期的对比研究,最后结合预测者的直觉、经验及其他有关专家、学者的估计进行预警。这种预警方法的效果也是良好的。

(4) 绿色预警系统。即依据警情的生长态势,预测未来状况。

(5) 白色预警系统。即在基本掌握警因的情况下,用计量技术进行预测。

4.6.1.1.2 几种典型预警系统介绍

(1) 指标预警系统。有的文献中把指标预警系统也称为指数预警系统。需要注意的是,设计指标预警系统时,要兼顾指标预警客体的实际情况,不能用也不允许采集脱离现实现行统计之外的数据。在指标预警系统中,决策者(专家)可以根据各种信息及经验、直觉来确定以下这些参数:各个警兆指标的报警区间;各个警情指标的安全警限;各个警兆指标的重要性及先导长度。之后每个决策者皆可作出预警,最后再对每个决策者的初始预测结果进行处理,作为最终预警结果。在指标预警系统中,如果把警兆指标警度或水平进行处理(利用 CI 或 DI 指数对警兆指标警度进行处理,最后得到警情指标警度的预警方法),最后得到预警结果的预警方法看作是一种预警算法 F,那么指标预警系统的预警实质就是:

警兆指标水平|警度—(通过采用预警算法 F)—得到警情指标警度预警体现在由现象到本质的过程,即通过警兆指标对警情指标进行预警。

指标预警系统的缺点是警情、警兆指标系统的选择可能有冗余或不足;警情指标的警限、报警区间的确定、警度确定等环节,由于受国家政策、领导者以及决策者(专家)的经验、直觉等因素影响,使指标预警系统的预警结果带有一定程度的人为因素。但是其优点是接近于人们一般的分析习惯,易于接受,操作简单易行。一旦警情、警兆指标选定,警情、警兆指标的综合处理方法确定后,这种方法操作起来也变得非常简单,适合于计算机处理,且能够较好地反映该系统的基本情况。所以,本系统为指标预警系统。

(2)统计预警系统。统计预警系统在无外推情况下的预警实质与指标预警系统相似。有外推情况下的预警实质是:

现在警兆指标水平|警度—(通过采用预测算法 F)—得到未来警兆指标水平|警度—(通过采用预警算法 F)— 得到未来警情指标警度。

统计预警系统充分应用了统计方法,与指标预警系统相比较,它是指标预警系统合乎逻辑的精确和深化。但是统计预警系统区间分析技术确定的警情、警兆指标的警限和警区,仍然具有一定程度的人为性。除此之外,和指标预警系统本质上没有根本的区别。

(3)模型预警系统。模型预警系统是在对整个预警系统有了深入分析、了解之后,对预警工作从定性到定量化的最高提升,体现了人们在认识预警系统及掌握预警技术水平上的一种飞跃。矿井系统是一个复杂庞大的系统,要建立一个实用性较强的模型预警系统是相当困难的。

4.6.1.2 预警系统及预警系统框架范式

4.6.1.2.1 预警系统的框架范式

在分析了几种典型预警系统的预警实质的基础上,可以总结归纳出这些预警系统的框架范式。

(1)无外推预警情况:

警情指标水平|警度—(通过采用预警算法 F_1)—得到总警度(范式 1)

警兆指标水平|警度—(通过采用预警算法 F_2)—得到警情指标警度(范式 2)

绿色、白色、红色、黄色和黑色预警系统的预警原理,都可以用上面的两个框架范式解释。显然这两个范式还不能完全说明所有系统的预警实质,比如在实际工作中,就可能存在由多个警情指标的警兆指标直接对预警对象的总警度进行预警的情况,如一些基于神经网络的预警系统就是这样的系统。因此,这里另外补充一种范式:

警兆水平|警度—(通过采用预警算法 F_3)—得到总警度(范式 3)。

至此，归纳总结的框架范式已经完备了，任何预警系统的预警过程都可以用这些范式中的某一个进行解释。

(2) 有外推预警情况：

现在警情指标水平|警度—(通过采用预测算法 χ_1)—得到未来警情指标水平|警度—(再运用预警算法 F_1)—得到未来总警度（范式 4）

现在警兆指标水平|警度—(通过采用预测算法 χ_2)—得到未来警兆指标水平|警度—(再运用预警算法 F_2)—警情指标警度（范式 5）

现在警兆指标水平|警度—(通过采用预测算法 χ_3)—得到未来警兆指标水平|警度—(再运用预警算法 F_3)—未来总警度（范式 6）

4.6.1.2.2　预警系统的组成

一个完整的预警系统是指由预警指标子系统、预警方法子系统、报警子系统、辅助决策子系统等多级结构组成的综合系统。

(1) 预警指标子系统主要完成警源分析；警兆、警情指标的确定；警情指标的警限、警兆指标的警区确定；警兆、警情指标实际水平的预处理等工作。

(2) 预警方法子系统主要完成各种预警算法的比较、选择、评估工作，当有外推预警时还要负责为预警系统选择预测算法。

预警方法是预警系统进行预警的手段，各种预警方法实质上都是由框架范式中的前项确定后项的算法描述，可以是任何形式的算法。

(3) 报警子系统是预警系统的输出界面部分，负责向用户报告系统的警度情况，特别是当系统处于有警状态时，还要显著地提示用户警度的大小、发生警情的警情指标和警兆指标以及它们的警度，另外，预警结果的可靠性以及错误报警风险或损失、代价的研究也是由这一子系统完成的。

(4) 辅助决策子系统的工作是，在报警子系统输出的基础上，给用户一些避免发生预警的建议。本书鉴于对矿井理论和实践的局限，这一部分未做分析。

4.6.2　预警指标

矿井通风系统是一个动态的、随机的、模糊的、复杂的大系统，对矿井通风系统进行预警，首先必须确定能够真实反映矿井通风系统主要特征和基本状况的参数指标，以反映系统存在的危险状态为目标，在科学合理评价的基础上，建立指标体系、指标的构成要素是否客观、全面会直接影响到预警系统的成效，选择的指标要素过多会影响指标结构的难度并削弱或掩盖关键要素的作用，指标要素太少又不能全面地反映真实状况。

一个好的评价指标体系应满足以下要求：评价指标能全面准确地反映出矿井通风系统的状况与技术质量特征；评价模式简单明了，可操作性强，易于掌握；所选用评价指标应易于获取，数据处理工作量小；采用的评价指标具有明确的评价标准。

为实现对通风实时的预警功能，系统需要确定通风的预警指标。建立可反映矿井通风状况的指标，并以此作为系统预警研究的基础，进而通过通风预警的数学模型完成预警的功能。根据实时通风监测信息，确定预警指标，如图 4-12 所示。

4.6.2.1　瓦斯浓度

瓦斯治理工作是煤矿生产的重中之重，瓦斯浓度是反映矿井空气质量和矿井通风好坏的

第4章 矿井通风监测与预警系统

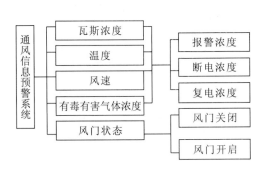

图 4-12 通风信息预警指标

重要指标,是重点考虑的预警指标。

4.6.2.2 温度

温度的高低与风量、风速、地温等相关,温度的高低影响工人的健康和工作效率,是反映矿井通风质量的一个重要方面,它是判断矿井通风状态好坏的一个有效指标。

4.6.2.3 风速

风速与矿井风量、阻力、巷道断面大小等有关。风速太大,易引起粉尘弥漫,降低空气质量,同时影响工人的正常劳动;风速太小,不能满足供风需求和起到降温等作用。

4.6.2.4 有毒有害气体浓度

有毒有害气体浓度与矿井风量等有关,其浓度的高低对工人健康有很大的影响,它是反映空气质量的重要方面,同时也是本预警系统的有效指标之一。

4.6.2.5 风门开启状态

风门的开/启状态对其他相关预警指标有一定的影响,它是判断矿井通风状态稳定与否的一个合理性指标。

4.6.3 预警数学模型

根据通风监测实时数据和安全监控系统数据库储存的历史数据,结合预警指标,建立瓦斯、温度、风速、有毒有害气体与风门控制预警模型,用于分析预警趋势。基于预警分析的结果,当出现异常信息时,管理人员启动相应的应急预案,以确保矿井下的正常生产。本预警系统分级定为四级,即正常、关注、警告和危险四个等级。本书只给出两个预警数学模型。

4.6.3.1 瓦斯监测数据预警模型

结合瓦斯监测数据分析,针对矿井瓦斯含量进行预警。基于掘进工作面瓦斯监控的预警机理如图 4-13 所示。

该预警机理表明,当井下掘进工作面的瓦斯浓度大于 1.0% 时,预警系统的警告等级启动;同时,对于采煤工作面回风巷的瓦斯浓度大于 1.0% 的情况,该工作面及其回风巷内全部非本质安全型电器设备应立即采取断电措施。针对具备实时监控的机械化采煤工作面、水平和煤层厚度小于 0.8m 的保护层的采煤工作面,利用抽放瓦斯和增加风量等措施,使工作面内的风流达到最高允许风速,若回风巷的瓦斯浓度仍高于 1.0% 时,此时的瓦斯警告等级启动浓度可设置为 1.5%,同时必须确保能够进行工作面的风流控制,且配有专职的瓦斯员。

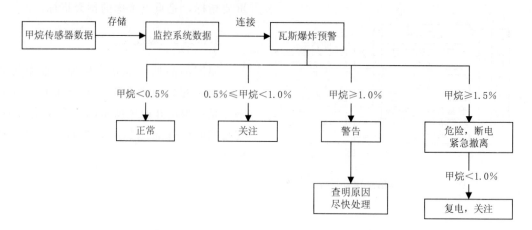

图 4-13 瓦斯涌出量预警机理

瓦斯监测数据处于动态的更新中，在对瓦斯浓度的实时监测值进行预警的同时，预警系统还必须包括对瓦斯实时数据变化更新的判断。

设瓦斯传感器的初始启动时间为 T_0，当前时间为 T，实时监测数据的更新时间段为 ΔT，单位均为 min；时间 T 时刻瓦斯的监测值为 X_n，前 ΔT 时间内瓦斯的监测值为 X_{n-1}。由此得：

$$T = T_0 + n \cdot \Delta T$$
$$n = \frac{T - T_0}{\Delta T} \tag{4-1}$$

设 $\overline{X}_m^{k\min}$ 表示前 $k\min$ 内瓦斯传感器监测平均值，可得：

$$\overline{X}_m^{k\min} = \frac{X_n + X_{n-1} + \cdots + X_{n-\left[\frac{k}{\Delta T}\right]}}{\left[\dfrac{k}{\Delta T}\right]} \tag{4-2}$$

式（4-1）和式（4-2）中：n 表示从传感器初始启动到第 n 次的实时监测值；m 表示从传感器初始启动到第 m 次 $k\min$ 内瓦斯浓度的平均值；$\left[\dfrac{k}{\Delta T}\right]$ 表示对计算结果取整。

针对瓦斯浓度的预警即基于瓦斯传感器的实时监测数据，以及瓦斯浓度的变化规律进行。根据预警的结果，结合相应的预警等级，为及时采取有效措施提供依据。

4.6.3.2 风量监测数据预警模型

针对风量监控数据，当通风流出现异常时需要对异常风量的产生进行预警分析。风量监测数据预警模型的建立以矿井通风指数 K_Q 为基础，结合矿井有效风量率、矿井总进风、矿井总回风和矿井总漏风率等多个因素。矿井通风指数 K_Q 表示为：

$$K_Q = \frac{P_0 \times K_1 \times K_2}{P_1 + P_2} \tag{4-3}$$

式中：P_0——矿井有效风量率；

K_1、K_2——矿井总入风量、回风量比；

P_1、P_2——矿井内、外部漏风率。

设
$$K_Q = f(V) \quad (4-5)$$

$$P_0 = \frac{矿井实际总入风量}{矿井总有效风量} \times 100\% \quad (4-5)$$

按规定要求 $P_0 > 85\%$，模型计算时取 0.85。

矿井总入风量、回风量比：

$$K_1 = \frac{矿井实际需入风量}{矿井实际总入风量} \times 100\% \quad (4-6)$$

$$K_2 = \frac{矿井总回风量}{主扇风量} \times 100\% \quad (4-7)$$

$$\frac{矿井计算风量}{矿井实际需入风量} \times 100\% = 85\% \quad (4-8)$$

根据相关规程规定，模型在建立时涉及到计算的部分，矿井的总入风量比值 K_1 取 1、总回风量比值 K_2 取 0.9，矿井的内部漏风率取 0.15，风井无提升时矿井的外部漏风率取 0.05，风井兼提升时矿井的外部漏风率取 0.15。

K_{Q1} 表示风井无提升时的通风指数；K_{Q2} 表示风井兼提升时的通风指数。由上述公式可得：

$$K_{Q1} = \frac{P_0 \times K_1 \times K_2}{P_1 + P_2} = \frac{0.85 \times 1 \times 0.9}{0.15 + 0.05} = 3.825 \quad (4-9)$$

$$K_{Q2} = \frac{P_0 \times K_1 \times K_2}{P_1 + P_2} = \frac{0.85 \times 1 \times 0.9}{0.15 + 0.15} = 2.55 \quad (4-10)$$

式（4-9）与式（4-10）表明在风井无提升与风井兼提升两种情况下，风速传感器实时监测值 V 的函数值 $K_{Q1} = 3.825$ 或 $K_{Q2} = 2.55$ 可作为预警判别等级的临界值，预警系统根据风速传感器实时监测值所推算出的具体 K_{Q1} 或 K_{Q2} 值分别作出相应的预警，同样为及时采取有效控制措施提供依据。

与瓦斯监测数据的动态更新一致，在对风速传感器实时监测值进行预警的同时，预警系统还必须对风速监测数据的变化更新进行判断。当风速传感器的监测数据超出传感器的量程，以及出现负的监测值时，预警系统的启动等级应设置为危险；当前的实时监测值与前 Tmin 监测的平均值相比，变化绝对值达到前 Tmin 监测平均值的 20%，则预警系统的启动等级应增加一级；同理，变化绝对值达到前 Tmin 监测平均值的 50% 时，相应的预警系统启动等级应增加二级。

第 5 章　通风辅助决策系统

§5.1　通风网络图绘制

矿井通风系统是由纵横交错的井巷构成的一个复杂系统。用图论的方法对通风系统进行抽象描述，把通风系统变成一个由线、点及其属性组成的系统，称为通风网络。矿井通风网络图是用直观的几何图形来表示通风系统的图形，能清楚地反映通风网络的结构和风流的流动特性，是进行各种通风计算的基础。矿井通风系统纵横交错，构成一个复杂的网络，在对矿井通风系统进行分析计算之前，需要首先画出通风网络图。由于通风网络图只反映风流方向及节点与分支间的相互关系，节点位置与分支线的形状可以任意改变，因此对于同样的通风网络结构数据可以画出无数个通风网络图。

由于矿井通风网络一般都比较复杂，巷道数目繁多，矿井通风网络图的绘制是一项十分繁琐的工作；靠手工绘制不仅效率低、速度慢、工作量大，易于出错，而且还需要不断调整，美观协调方面往往不尽人意，修改也非常不方便；现有的通风网络解算软件大多是文本方式的数据处理，没有和通风网络图进行很好的对应。这些缺点极大地制约了矿井通风网络解算软件的推广使用。根据通风网络图的特点，介绍一种由通风网络结构数据自动生成通风网络图的方法，并进行开发实现和实践应用。

5.1.1　通风网络基本术语与概念

任何一个通风网络都是由一些基本单元组成的，要绘制一幅矿井通风网络图首先必须清楚这些基本单元的含义。

(1) 节点。节点是指两条或两条以上分支的交点。每个节点都有唯一的编号，称为节点号。在网络图中用圆圈加节点号表示节点，圆圈中的数字为节点号。

(2) 分支。分支是两节点间的连线，也叫风道。表示一段通风井巷的有向线段，在风网图上，用单线表示分支。线段的方向代表井巷风流的方向。每条分支可有一个编号，称为分支号。用井巷的通风参数如风阻、风量和风压等，可对分支赋权。

(3) 路（通路）。路是由若干方向都相同的分支首尾相连而成的线路，即某一分支的末节点是下一分支的始节点。

(4) 回路和网孔。由两条或两条以上分支首尾相连形成的闭合线路，其中有分支的称为回路，没有分支的称为网孔。

(5) 树。由包含通风网络图的全部节点且任意两节点间至少有一条通路与不形成回路的部分分支构成的一类特殊图，称为树；由网络图余下的分支构成的图，称为余树。组成树的分支称为树枝，组成余树的分支称为余树枝。一个节点数为 m，分支数为 n 的通风网络的余树枝数为 $n-m+1$。

(6) 独立回路。由通风网络图的一棵树及其余树中的一条余树枝形成的回路，称为独立回路。由 $n-m+1$ 条余树枝可形成 $n-m+1$ 个独立回路。

（7）通风网络参数。一般指的是构成网络的每一支路的风阻、风压和风量，以及整个网络中的总风阻、总风压和总风量，此外，还包括通风机的风量、风压和自然风压值。

（8）图论中图的概念。在图论中，一个图 G 定义为一个偶对 (V,E)，即 $G=(V,E)$，其中，$V=\{v_1,v_2,\cdots,v_m\}$，是图 G 的节点（或顶点）的集合；$E=\{e_1,e_2,\cdots,e_n\}$，是图 G 的边（或分支）的集合。因此，图是由节点的集合和分支的集合构成的，其本质是节点和分支之间的联接关系即拓扑关系。

根据不同的标准可将图划分为不同的种类。若 V,E 都是有限的集合，称图 G 为有限图，否则称为无限图。若偶对 (V,E) 是有序，即图由节点和有向的边组成，称为有向图，否则称为无向图。既含有向分支又含无向分支的图称为混合图。没有圈（始终节点重合的分支构成）又不含平行分支（有向图中连接两个相同节点、方向也相同）的图称为简单图；含平行分支的图称为多重图。当用点边关系图来揭示具体事物之间的量值关系时，可以在 E 或 V 上定义权函数，从而构成赋权图。在图中若任意两个节点之间至少存在一条路则称为连通图。

（9）通风网络图。如果用图论中的节点代表某类具体的事物，用分支描述事物之间的联系，则一个图就可以表示某类事物及其之间的联系。在矿井通风系统中，所有巷道的风流按其分叉和汇合的结构形式构成一个有向的连通体系，如果不考虑各风流交汇点和通风巷道的位置、长度、形状和断面等情况，将风流相交汇的地点抽象为节点，将矿井通风井巷抽象为分支，则矿井通风系统可能抽象为相互关联的节点和分支的集合。同样，如果把所有节点的集合记为 $V=\{v_1,v_2,\cdots,v_m\}$，其中节点的数为 $|v|=m$，把所有分支的集合记为 $E=\{e_1,e_2,\cdots,e_n\}$，其中分支的数目为 $|E|=n$，则矿井通风网络图可以表示为 $G=(V,E)$。因此通风网络图是在矿井通风系统图的基础上抽象而成的一种单线条的示意图，它直观地反映了井巷之间的连接关系以及风流的流动路线。

5.1.2 数学模型

对于一个有 n 个节点的网络，其中任意节点 J 的最长路径可用公式表示为：

$JnLen(j)=0, j=1$

$JnLen(j)=\max\{JnLen(i_1), JnLen(i_2), \cdots, JnLen(i_n)\}+1, (j=2,\cdots,n)$

式中：$JnLen(j)$——节点 j 的最长路径长度；

$JnLen(i)$——流入节点 j 的所有分支始节点 i 的最长路径长度。

如图 5-1 所示，以节点 4 到节点 1 的最长路径长度计算为例，可表示为以下公式：

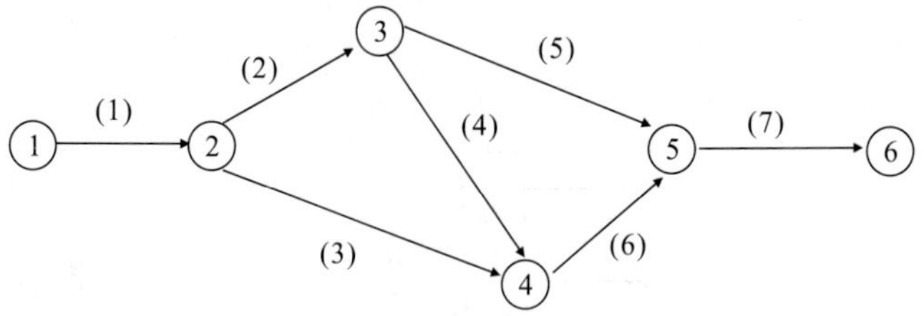

图 5-1 示例网络图

$JnLen(4) = \max\{Jnlen(3), jnLen(2)\} + 1;$

$JnLen(3) = \max\{JnLen(2)\} + 1;$

$JnLen(2) = \max\{JnLen(1)\} + 1;$

$JnLen(1) = 0。$

即 $JnLen(4) = JnLen(3) + 1 = JnLen(2) + 1 + 1 = 3$，该式表明可把某一节点 n 保存为节点 $n+1$ 的最长路径的前节点，在进行计算时，可依照公式按节点数依次进行类推。图 5-1 中，节点 4 到节点 1 的最长路径长度计算结果为 3，所经过的节点为 4—1。

5.1.3 程序实现

结合系统此部分所需实现的功能需求，采用面向对象的程序设计原则，通过通风网络结构数据的关系进行设计和编程以及具体功能的集成应用，使系统可根据巷道节点的三维拓扑关系自动生成直观双线立体系统图，并且可以进行任意旋转和缩放，也可将相关信息自动标注在巷道上。

5.1.4 网络图绘制流程图

网络图绘制流程如图 5-2 所示。

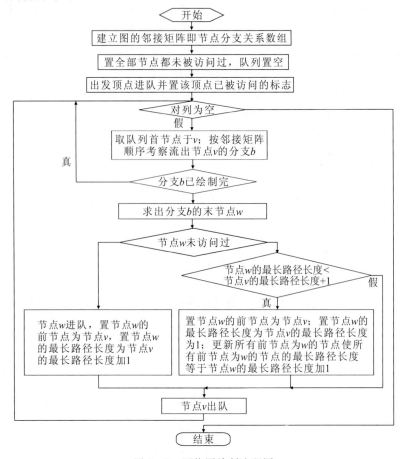

图 5-2 网络图绘制流程图

5.1.4.1 通风网络图的绘制原则

通风网络图有两种类型,一种是与通风系统图形状基本一致的网络图;另一种是曲线形状的网络图,一般常用曲线网络图,本书所说的通风网络图也是指曲线网络图。通风网络图的绘制原则如下:

(1) 用风地点并排布置在网络图中部,进风节点位于其下边,回风节点在网络图的上部,风机出口节点在网络图最上部;

(2) 分支方向基本都应由下至上;

(3) 分支间的交叉应尽可能少;

(4) 网络图总的形状基本为"椭圆形"。

(5) 合并节点,某些距离较近、阻力很小的几个节点,可简化为一个节点。

5.1.4.2 通风网络图的设置

同一个通风网络结构数据,可以生成无数个拓扑结构相同的通风网络图,因此,为了自动生成网络图,用户需要根据自己的要求设置网络图图幅的方向、图幅的大小及图形形状。网络图的整体方向指的是大部分分支的方向。图幅范围指的是整幅图所占的大致范围。通风网络图中分支形状可分为两种,一是直线,二是圆弧。若为直线时,可由始末节点确定分支的位置。若为圆弧时,还因根据曲线同时还可根据用户的需要使生成图的交叉点少。

5.1.4.3 最长路径法确定节点位置和分支形状

(1) 进风节点和回风节点的布置。通风网络图是一个闭合的有向图,根据通风网络结构数据中的虚拟分支(指虚拟的用于连接大气节点的巷道)信息可以找出通风网络图中的进风节点和回风节点。因为通风网络图设置中已经确定了通风网络图的方向和图幅大小,根据方向可以确定进、回风节点位于图幅的哪侧,根据图幅大小和进、回风的节点总数求出节点之间的宽度,可以确定进、回风节点的具体位置。

(2) 其他节点的布置。通风网络图是一个闭合的有向图,在进、回风节点的位置确定后,从进风口和回风口中各任选一节点。根据前面通风网络图设置中的曲率角度可以确定由这两个节点所组成的圆弧。用最长路径法找出这两个节点间的最长路径中所包含的节点,使这些节点按次序等弧长地位于这两个节点所组成的圆弧中,其分支形状与两节点间的分支形状一致。这样可以确定这两个节点之间最长路径中所包含的节点位置及分支形状。当某一分支确定了位置和形状后,把这分支设置成已绘制完成的标志,后面的节点求最长路径时将不考虑此分支。当某一节点的所有流进该节点的分支都已绘制完时,把该节点置为进风节点数组中;从进风节点数组和回风节点数组中各任选一节点,根据最长路径法来确定这两个节点最长路径中所包含的节点的位置和形状,直到所有节点都计算完成。

5.1.4.4 一些特殊分支的处理

(1) 虚拟分支的处理。虚拟分支指虚拟的用于连接大气节点的分支,是实际中不存在的巷道。由于虚拟分支的连接,整个网络图成了一个闭合的图。而最长路径法确定节点的位置时,网络中不能存在回路,所以在开始建立拓扑关系时,虚拟分支不能包括在内。当其他分支绘制完成时,才处理虚拟分支。当所有节点的位置都确定了时,虚拟分支的始末节点的位置也已确定,可根据曲率角度确定出虚拟分支的形状。

(2)并联分支的处理。对于始末节点相同的并联分支,如果并联分支总数为奇数,将一条分支设成直线,其余分支设成弧线,并对称地均匀排列在两侧;如果并联分支总数为偶数,将所有分支都设成弧线,并对称地均匀排列在两侧。

(3)分支交叉的处理。为了使网络图更为美观实用,可以对分支进行交叉判断,通过修改分支的曲率来使分支之间的交点减少。

§5.2 通风网络解算

通常采用回路风量法来进行Visual C++语言的通风网络解算模块开发。通过简化非线性的复杂通风网络,从而达到将其转变为线性网络的目的,以便于求解。回路风量法的简单与易理解之处在于其将回路风量视作未知数,在解出回路风量之后,进而得出各分支风压。

5.2.1 网络解算原理

通风网络的解算,以往常采用分析法、图解法、通风模拟法。近年来,由于电子计算机的迅速发展,电算法的使用已相当普遍,利用计算机进行解算的主要依据是 Hardy-Cross 教授提出的迭代法。它最早用于水分配系统,后来作了相应的修改,提高了稳定性和迭代的效率,才用于矿井通风网络。

采用 Hardy-Cross 迭代法求解通风网络的实质是:根据网络中各分支风道的初拟风量,近似地求出各回路风量的增量 ΔQ_k,并作为校正值,分别对回路中各分支的风量进行校正。迭代计算反复进行,直到校正值 ΔQ_k 满足预先给定的精度为止。为提高迭代的收敛速度,计算时对 Hardy-Cross 迭代法施加 Gausscide 技巧。

各回路风量增量值 ΔQ_k 可由下列公式来计算:

$$\Delta Q_k = -\frac{\sum_{i=1}^{b} R_i \times Q_{ai}^2}{\sum_{i=1}^{b} 2R_i \times Q_{ai}^2} \quad (5-1)$$

或

$$\Delta Q_k = -\frac{\sum_{i=1}^{b}(R_i \times Q_{ai}|Q_{ai}| - H_{fk} \pm N_{vpk})}{\sum_{i=1}^{b}(2R_i \times |Q_{ai}| - a_k)} \quad (5-2)$$

式中:$k=1,2,\cdots,M$,M 为独立网孔数;

a_k——风机特征曲线斜率,$a_k = dH_f/dQ$;

H_{fk}——第 k 个网孔的风机压力值(Pa);

N_{vpk}——第 k 个网孔的自然风压值(Pa)。

式(5-1)适用于网孔中无风机和自然风压作用的情况;

式(5-2)适用于网孔中有风机和自然风压作用的情况。

5.2.2 风路风量增量值计算公式的推导

设风阻为 R 的风道,当流经的真实风量为 Q 时,其阻力消耗可由阻力定律 $h=RQ^2$ 计算(图 5-3)。

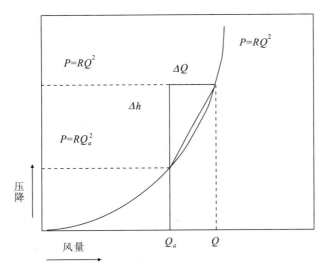

图 5-3 Hardy-Cross 方法中的风量压降关系图

当 Q 值为未知数时,若假定其近似风量为 Q_a,则有:

$$Q = Q_a + \Delta Q \tag{5-3}$$

式中:ΔQ——初拟风量与真实值的误差。

因此,真阻力消耗与风量初拟时的阻力消耗间的差值为:

$$\Delta h = RQ^2 - RQ_a^2 \tag{5-4}$$

显然,若能求出误差值 ΔQ,并对 Q_a 进行修正,就可以确定真值 Q。由图可见,Q_a 与 Q 之间的曲线 $h=RQ^2$ 的斜率可近似地认为是 $\Delta h/\Delta Q$,其极限值为:

$$\lim_{\Delta Q \to 0} \frac{\Delta h}{\Delta Q} = f(Q_a) = \frac{dh}{dQ} \tag{5-5}$$

将曲线微分,得:

$$\frac{dh}{dQ} = 2RQ_a \tag{5-6}$$

$$\frac{\Delta h}{\Delta Q} = 2RQ_a \tag{5-7}$$

因而:

$$\Delta Q = \frac{\Delta h}{2RQ_a} = \frac{RQ^2 - RQ_a^2}{2RQ_a} \tag{5-8}$$

式中:$RQ^2 - RQ_a^2$——压降"平衡差";

$2RQ_a$——曲线斜率。

上述考虑的是有一条风道的情况,如果一个闭合网孔由 b 条分支通道所组成,则其压降"平衡差"的平均值可由下式给出:

$$\Delta h = \sum_{i=1}^{b} \frac{(R_i Q_i^2 - R_i Q_{ai}^2)}{b} \tag{5-9}$$

而曲线斜率的平均值为：

$$K = \sum_{i=1}^{b} \frac{2R_i Q_{ai}}{b} \tag{5-10}$$

得

$$\Delta Q_k = \frac{\sum_{i=1}^{b}(R_i Q_i^2 - R_i Q_{ai}^2)}{\sum_{i=1}^{b} 2R_i Q_{ai}} \tag{5-11}$$

在分支风路 i 所流经的风量真值为 Q 时，其压降值为 RQ^2，由风压平衡定律可知，若无风机和自然风压的作用，则任一闭合网孔的代数和为零，即

$$\sum_{i=1}^{b} R_i Q_i^2 = 0 \tag{5-12}$$

因此可简化为：

$$\Delta Q_k = -\frac{\sum_{i=1}^{b} R_i Q_{ai}^2}{\sum_{i=1}^{b} 2R_i Q_{ai}} \tag{5-13}$$

若考虑风机和自然风压的作用，则任一闭合网孔压降的代数和为：

$$\sum_{i=1}^{b} R_i Q_i^2 = H_{fk} \pm N_{vpk} \tag{5-14}$$

显然，此时回路中各分支风道曲线平均斜率为：

$$K = \sum_{i=1}^{b} \frac{2R_i Q_{ai} - a_k}{b} \tag{5-15}$$

于是，对于有自然风压和风机作用的孔网，其风量修正值可用下式计算：

$$\Delta Q_k = -\frac{\sum_{i=1}^{b}(R_i \times Q_{ai} | Q_{ai} | - H_{fk} \pm N_{vpk})}{\sum_{i=1}^{b}(2R_i \times | Q_{ai} | - a_k)} \tag{5-16}$$

5.2.3 Hardy–Cross 迭代法解算过程

(1) 初拟网络各分支风道的风量，给出通风机所造成的风压和自然风压值，给出各支路的风流方向；

(2) 确定网络中的独立网孔数，独立网孔的个数为 M；

(3) 利用公式求算网孔风量增量值；

(4) 利用 ΔQ_k 对每个网孔中的各分支风道进行风量校正，即 $Q_{ki} = Q_{ki} \pm \Delta Q_k$

(5) 判别 $|\Delta Q_k| \leqslant E$ ($k=1, 2, \cdots, M$；E 为精度要求，常在 $0.1 \sim 0.001$ 间选取)；

(6) 当 $|\Delta Q_k| \leqslant E$ 不成立，则重复步骤 (4)、(5) 进行计算，否则结束计算。

5.2.4 数学模型

设通风网络含有 P 条巷道分支，共有 N 个节点，其中的任意一条分支 A 的两端点分别

表示为 i 和 j，根据通风网络有关理论，含有 P 条巷道分支、N 个节点的通风网络，可列出 N 个节点风量平衡方程。该方程可表示为：

$$\sum_{j=1}^{N} b_{kj} Q_j = 0 \quad (k = 1 \sim J-1) \tag{5-17}$$

根据能量守恒定律，任意回路中的风流需满足：

$$f_i(Q) = \sum_{j=1}^{N} a_{ij} R_j \mid Q_j \mid Q_j - \sum_{j=1}^{N} a_{ij} H_{nj} - a_{ij} H_{fj} = 0 \tag{5-18}$$

其中 R、Q、H_f 分别表示分支 A 的风阻、风量与风压。

采用回路风量法，将式（5-1）和式（5-2）构成的 N 阶非线性方程组转化为线性方程。该方程以回路风量为未知数，通过简化求解得出的近似计算式为：

$$f_i(Q) = f_i(Q_1^{(k+1)}, Q_2^{(k+1)}, \cdots, Q_N^{(k+1)}) = f_i(Q_1^{(k)}, Q_2^{(k)}, \cdots, Q_N^{(k)})$$
$$+ \frac{\partial f_i}{\partial Q_1} \Delta Q_1 + \frac{\partial f_i}{\partial Q_2} \Delta Q_2 + \cdots + \frac{\partial f_i}{\partial Q_N} \Delta Q_N \tag{5-19}$$

因自然风压为常量，求导后为零，并对上式给定以下限定条件：

$$\frac{\partial f_i}{\partial Q_i} \Delta Q_i^{(k)} \gg \sum_{\substack{j=1 \\ j \neq i}}^{N} \frac{\partial f_i}{\partial Q_j} \Delta Q_j^{(k)} \quad (i = 1, 2, \cdots, M) \tag{5-20}$$

则得到回路修正风量的一般形式：

$$\Delta Q_k = - \frac{\sum_{i=1}^{b} (R_i \times Q_{ai} \mid Q_{ai} \mid - H_{fk} \pm N_{vpk})}{\sum_{i=1}^{b} (2R_i \times \mid Q_{ai} \mid - a_k)} \quad (i = 1, 2, \cdots, M) \tag{5-21}$$

5.2.5 网络解算程序流程图

网络解算程序流程如图 5-4 所示。

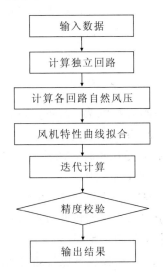

图 5-4 通风网络解算流程图

§5.3 通风网络调节

5.3.1 通风网络调节原理

所谓矿井通风网络调节是指通风网络内各弧风量能恒定在按需供风确定的一定范围内的综合调节措施。

矿井通风网络 $G=(V, E)$,$|E|=n$,它所包含的基本回路数为 2^{n-m+1} 个,而其中的独立回路数为 $b=n-m+1$ 个。当空气在通风网络中流动时,任一回路中通风阻力与动力之间的关系均满足风压平衡定律,即:

$$C_f(H^T - P^T) = 0 \tag{5-22}$$

对应于上式各弧的排列次序,有按需风量行向量 $\boldsymbol{Q}_d = (q_{d1}, q_{d2}, \cdots, q_{dn})$,通风阻力行向量 $\boldsymbol{H}_d = (h_{d1}, h_{d2}, \cdots, h_{dn})$,由于 $\boldsymbol{Q}_d$ 与自然分风行向量 $\boldsymbol{Q}_N$ 不相等,那么必存在

$$C_f(H^T - P^T) \neq 0 \tag{5-23}$$

说明通风网络各弧的通风阻力和通风动力不可能满足按需供风的要求。

设 $\Delta H = C_f(H_d^T - P^T)$

其中 $\Delta H = (\Delta h_1, \Delta h_2, \cdots, \Delta h_b)$

则

$$C_f(H^T - P^T) - \Delta H = 0 \tag{5-24}$$

式(5-24)反映了矿井通风网络风流控制的基本原理,即每一独立回路依照所需风量计算的阻力闭合差需要在该回路中加入一个阻力增量 Δh_i($i=1, 2, \cdots, b$)方能平衡。在按需供风条件下,这些阻力增量只能依靠调节有关弧的风阻或通风能量来实现。这种需要调节风阻或通风能量的地点称为调节点,下面对矿井通风网络的调节点数量及布置进行分析。

对矿井通风网络 G,选取树 T,使网络的任一独立回路仅仅包含一条余树弦,而树枝均是若干独立回路的公共弧。可得 b 个独立回路 C_i($i=1, 2, \cdots, b$),按定量供风的回路方程:

$$r_{ij}q_i^2 - \Delta h_i + \sum_{\substack{j=1\\j\neq i}}^{h} r_{ij}q_j^2 - \sum_{j=1}^{n} c_{ij}p_j = 0 \quad (i=1, 2, \cdots, b) \tag{5-25}$$

式中:r_{ij}——网络独立回路风阻矩阵 R 中的第 i 行第 j 列的元素;

q_i——弧 e_j 的按需供风量(m^3/s);

p_j——弧 e_j 中包含有风机和自然风压时,风机风压和自然风压的代数和(Pa);

Δh_i——第 i 回路的所需阻力调节量(Pa)。

由式(5-25)可以看出,每一独立回路 C_i 有一个阻力调节量 Δh_i,为使调节点尽量少,且各调节设施之间相互独立,便于调节,只能将调节点布置在回路的独立弧内,即该回路包含的余树弦内。当 b 个独立回路在满足阻力增量 Δh_i($i=1, 2, \cdots, b$)后,余树弦则能获得需供风风量 q_1。则由式 $Q_N = Q_Y C_f$,树枝风量也就随之而定。由此,可得出如下结论:

结论1,矿井通风网络 $G=(V, E)$,$|V|=m$,$|E|=n$。对 G 实现风流有效控制的调节点数至少为 $n-m+1$ 个,而且应布置在相应的余树弦内。又由于矿井风机的工况是可调的,它作为矿井通风的动力,必须根据网络总阻力的变化适时调节。因此,应将矿井

风机视为调节设施,其所在的弧选为余树弦,从而可减少网络所需的其他调节设施数。在按需供风中,若矿井的通风网络存在自然分风子网络,如果这种子网络中各弧通过风量为自然分风风量,则其包含的独立回路必须满足 $\Delta h_i = 0$,而无须调节。

结论 2,矿井通风网络 $G = (V, E)$,$|V| = m$,$|E| = n$。如果它包含的矿井风机台数为 F,且其包含的自然分风子网络中含有 K 个独立回路,则该网络实现对风流的有效控制所需的调节设施数为:

$$D_S = n - K - F - m + 1 \tag{5-26}$$

5.3.2 网络调节方法

局部风量调节的基本方法有三种,即增阻调节法、降阻调节法和增压调节法(辅扇调节法)。回路风压闭合差不等于零时,需要对网孔中的某个分支进行风量调节。三种基本调节法的特点如下:

(1) 增阻调节法具有简便、易行、调节快的优点,它是采区内巷道间的主要调节措施,但这种调节法使矿井的总风阻增加,特别是在矿井主要风流中安设风窗时,矿井总风阻增加较大。如果在采区以内的次要风流中未设风窗,则对矿井总风阻影响较小。因此,当进行增阻调节时,如果矿井主扇风机特性曲线不变,必将造成矿井总风量在一定程度上有所下降。当矿井主扇风的工作风压能满足生产要求,网孔中各分支的阻力相差不太悬殊时,应尽量采用增阻调节法。

(2) 降阻调节法可以使全矿总阻力下降,因此,较之增阻法,主扇通风费用较低,但是它扩大断面的工作量大、投资多、施工的时间也长,不能迅速地进行风量调节,并且降低的风阻值也很有限,因此当矿井发生灾害急需对通风网络进行调节时,此法很难应用。

(3) 增压调节法(局扇调节法)与降阻调节法一样都使矿井总风阻有所下降,而且它施工快,也较方便,能迅速地达到风量调节目的,但管理工作较复杂,安全性比较差,因此,局扇调节法的使用有一定的条件。

5.3.3 风量调节数学模型

矿井通风网络中 $G = (V, E)$,设 $|V| = m$,$|E| = n$,其余树弦集合为 $E_y = \{e_1, e_2, \cdots, e_b\}$,$b = n - m + 1$,并将有风机的弧当作余数弦,树枝的集合为 $E_T = \{e_{b+1}, e_{b+2}, \cdots, e_n\}$。余树集合和树枝集合构成的排列矩阵为 $E = (E_y, E_T)$,其中的独立回路矩阵为:

$$C_f = (I, C_{12}) \tag{5-27}$$

设余树弦阻力向量为 $\boldsymbol{H}_y = (h_1, h_2, \cdots, h_b)$,树枝阻力向量为 $\boldsymbol{H}_T = (h_{b+1}, h_{b+2}, \cdots, h_n)$,则整个网络的阻力向量为:

$$\boldsymbol{H} = (\boldsymbol{H}_y + \boldsymbol{H}_T) \tag{5-28}$$

在忽略火风压产生的情况下,公式 P 中省去主风机的工作风压向量 $\boldsymbol{R}$ 后可得出:

$$P = P_Z = (p_1, p_2, \cdots, p_n) \tag{5-29}$$

$$p_{ci} = \sum_{i=1}^{n} c_{ij} p_j \quad (i = 1, 2, \cdots, b) \tag{5-30}$$

其中 p_{ci} 表示独立回路 C_i 的通风能量之和,则 b 个独立回路构成:

$$P_c = (p_{c1}, p_{c2}, \cdots, p_{cb}) \tag{5-31}$$

设布置在余树弦 e_i 中的调节设施所产生的阻力增量为 Δh_{yi}，则余树弦阻力增量向量：

$$\Delta H_y = (\Delta h_{y1}, \Delta h_{y2}, \cdots, \Delta h_{yb}) \quad (5-32)$$

则可写成矩阵方程式：

$$(I, C_{12}) \begin{pmatrix} H_y^T - \Delta H_y^T \\ H_T^T \end{pmatrix} = P_C^T \quad (5-33)$$

式中 H_T^T 为树枝阻力向量 H_T 的转置，从而

$$-\Delta H_y^T = P_C^T - (H_y^T + C_{12} \cdot H_T^T) \quad (5-34)$$

式（5-13）表示余树弦阻力的调节向量。布置在余树弦 e_i 中的调节设施所产生的阻力增量 Δh_{yi} 有以下两种情况：

$\Delta h_{yi} < 0$ 表明通风网络需要增阻，通过布置增阻设施产生阻力值为 Δh_{yi}，过风量为 q_i。

$\Delta h_{yi} > 0$ 表明通风网络需增能或降阻。增能后，通过布置增阻设施产生的风压值为 Δh_{yi}。降阻后的阻力值为 Δh_{yi}。

5.3.4 网络调节程序流程图

网络调节程序流程如图 5-5 所示。

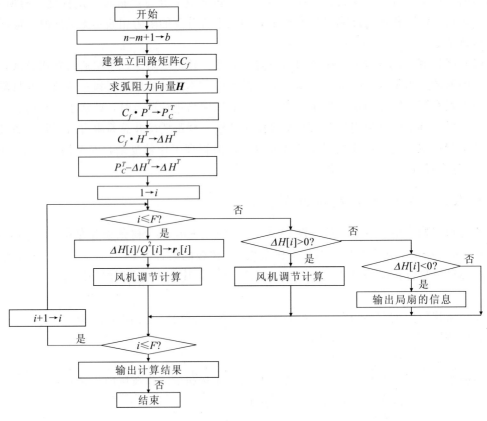

图 5-5 网络调节程序流程图

m, n——网络节点与弧数目；E——网络中各集合元素的编号序列，依次是有风机的余树弦集合、其余余树弦集合，树枝集合；P——自然风压向量；Q——余树弦风量向量；r_c——风机工作子网络的风阻向量；F——风机台数

§5.4 风机性能曲线处理

5.4.1 风机曲线处理数学模型

风机性能曲线包括风机出厂曲线和工作过程测定曲线。作为试验与测定曲线，这两类性能曲线均无法用数学表达式进行描述。在风机曲线处理模型设计时，结合这两种曲线的特点与风机工作时的各种影响因素，对两种类型的风机性能曲线采用二段曲线拟合法，其中对正常工作段用拉格朗日插值法拟合，如图 5-6 所示，其方程为：

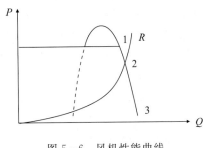

图 5-6 风机性能曲线

$$H_{fi} = \begin{cases} C_1 + C_2 Q_i + C_3 Q_i^2 & \text{当 } Q_i \geqslant Q_1 \\ H_i & \text{当 } Q_i \leqslant Q_1 \end{cases} \quad (i = 1, 2, \cdots, n) \quad (5-35)$$

式中：n——风机台数；

Q_i——第 i 台风机风量（m³/s）；

H_{fi}——第 i 台风机产生的风压（Pa）；

C_1，C_2，C_3——拟合系数；

Q_1——风机性能曲线上第 1 点的风量（m³/s）。

为了拟合风机性能曲线的工作段，应在风机性能曲线图上选 3 点，如图 5-6 所示，其中第 1 点为上限点，第 2 点接近高效点，第 3 点为下限点。只要输入风机性能曲线上 3 个点的参数，即可求出拟合系数。因而只要知道风机的风量，用式（5-35）求出风机产生的风压值。拟合精度完全能满足要求。

5.4.2 风机曲线处理程序流程图

风机曲线处理程序的具体工作流程如图 5-7 所示。

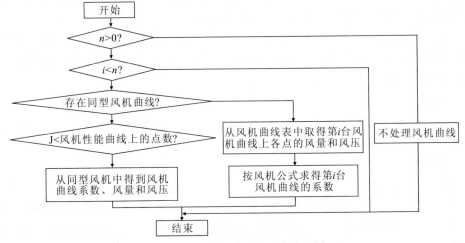

图 5-7 风机曲线处理程序流程图

§5.5 通风系统可靠性分析

矿井通风的基本任务是供给矿井新鲜风量，以冲淡并排出井下的毒性、窒息性和爆炸性气体和粉尘，保证井下风流的质量（成分、温度和速度）和数量符合国家安全卫生标准，创造良好的工作环境，防止各种伤害和爆炸事故，保障井下人员身体健康和生命安全，保护国家资源和财产。矿井通风系统可靠性理论研究，主要是针对该领域中存在的一些问题而提出的，其目的是为了提高矿井通风系统的可靠性水平，降低通风系统的建设和维护成本，防止和减少灾害事故发生，保障矿井高产高效的实现。因此，对矿井通风系统可靠性的研究有着十分重要的意义。

矿井通风系统可靠性是指在矿井生产期间，保持系统中各用风单元所需风流稳定的工作能力。如果丧失其工作能力，就可称做故障。具体来说，矿井通风系统的可靠性包括以下内容：

（1）在生产时期，利用通风动力，以最经济的方式向井下各用风地点供给符合《煤矿安全规程》要求的新鲜风流；

（2）保障作业空间有良好的气候条件；

（3）冲淡或稀释有毒有害气体和矿尘；

（4）在发生灾变时，能有效、及时地控制风向及风量，并与其他措施相结合，防止灾害的扩大，进而消灭事故。

5.5.1 风路可靠性分析模型

研究矿井通风网络中某条风路的可靠性时，不仅要考虑该风路的风量是否在合理范围内，还应同时考虑该风路的粉尘浓度、温度、有毒有害气体浓度等指标是否在合理范围内，即该风路风流的数量和质量同在规定的范围内时，才能说该风路是可靠的。

根据上述分析，从通风的角度，风路的可靠度可以定义为：在某一稳定状态 $S(t)$ 下，在规定的时间内第 i 条风路的风量值 Q_i 能够保持在一个合理区间范围之内即 $Q_{i1} \leqslant Q_i \leqslant Q_{i2}$ 且风流的质量满足《煤矿安全规程》要求的概率，称为这一风路的可靠度，记为 Rr。其中 Q_{i1}、Q_{i2} 的值和风流质量相关参数由约束条件 A 来确定。

约束条件就是风路风流发生失效的边界条件，约束条件完全按照《煤矿安全规程》来确定。只要风流的数量和质量符合《规程》的规定，那么从通风的角度来讲，该风路就是可靠的。具体地说，包括以下四种因素：

（1）风速；

（2）有毒有害气体浓度（瓦斯、二氧化碳、氢气、一氧化碳、二氧化氮、二氧化硫、硫化氢和氨气）；

（3）温度；

（4）煤尘、粉尘浓度。

这四个方面只要有一方面不能满足《煤矿安全规程》的规定，风路就会失效；只有这四个方面同时满足《煤矿安全规程》的规定，风路才是可靠的。《煤矿安全规程》所规定的极限风速和矿井有毒有害气体最高允许浓度如表 5-1 和表 5-2 所示。

表 5-1　《煤矿安全规程》规定的极限风速

井巷名称	允许风速（m/s）	
	最低	最高
无提升设备的风井和风硐		15
专为升降物料的井筒		12
风桥		10
升降人员和物料的井筒		8
主要进、回风巷		8
架线电机车巷道	1.0	8
运输机巷，采区进、回风巷	0.25	6
采煤工作面、掘进中的煤巷和半煤岩巷	0.25	4
掘进中的岩巷	0.15	4
其他通风人行巷道	0.15	

表 5-2　《煤矿安全规程》规定的矿井有毒有害气体最高允许浓度

名称	最高允许浓度（%）
一氧化碳 CO	0.002 4
氧化氮（换算成二氧化氮 NO_2）	0.000 25
二氧化硫 SO_2	0.000 5
硫化氢 H_2S	0.000 66
氨 NH_3	0.004

瓦斯、二氧化碳和氢气的允许浓度在《煤矿安全规程》中也都有详细规定。

关于温度的规定，在《煤矿安全规程》中规定：进风井口以下的空气温度（干球温度，下同）必须在 2℃ 以上。生产矿井采掘工作面空气温度不得超过 26℃，机电设备硐室的空气温度不得超过 30℃；当空气温度超过时，必须缩短超温地点工作人员的工作时间，并给予高温保健待遇。采掘工作面的空气温度超过 30℃、机电设备硐室的空气温度超过 34℃ 时，必须停止作业。

用 Q_1、Q_2 分别表示风路风量 Q 所保持的合理区间边界风量，边界风量主要取决于通风网络的各种通风参数如风速、温度、煤尘与粉尘浓度以及有毒有害气体浓度等。基于约束条件的 Q_1、Q_2 值的计算方法为：

$$Q_1 = v_1 \times S \tag{5-36}$$

$$Q_2 = v_2 \times S \tag{5-37}$$

式中：v_1——风速下限（m/s）；

v_2——风速上限（m/s）；

S——断面面积（m²）。

用 R 表示风路的可靠度，其计算公式为：

$$R = P\{Q_1 \leqslant Q \leqslant Q_2\} \prod_{k=1}^{n_c} P\{C^k \leqslant C_2^k\} \cdot P\{T_1 \leqslant T \leqslant T_2\} \cdot \prod_{k=1}^{n_d} P\{D^k \leqslant D_2^k\} \tag{5-38}$$

式中：Q——风量（m³/s）；

Q_1——最低边界风量（m³/s）；

Q_2——允许最高边界风量（m³/s）；

C^k——有毒有害气体浓度（%）；

C_2^k——有毒有害气体的最高浓度（%）；

n_c——有毒有害气体种类；

T——温度（℃）；

T_1——最低温度（℃）；

T_2——最高温度（℃）；

D^k——粉尘的浓度（mg/m³）；

D_2^k——粉尘最高允许浓度（mg/m³）；

n_d——粉尘种类，取 $n_d=3$。

风路中的风流不满足约束条件称为风路的风流失效，风路风流失效引起的原因是多种多样的，有可能是自身风阻变化引起的，有可能是其他风路风阻变化引起的，有可能是瓦斯涌出引起的，有可能是自然风压、火风压引起的，有可能是风机工况变化引起的，也有可能是上述各种原因综合引起的。对于某一风路的风流失效要结合实际情况具体分析。另外一种失效是风阻失效，如巷道断面缩小、堆积杂物、过车、通风构筑物破坏等具体体现在其所在巷道的风阻变化上，即其所在巷道风阻发生失效会导致自身甚至其他风路风量的变化乃至风流失效。在矿山实际生产过程中，如果已知矿井的供风质量满足要求，只需研究风流大小波动对风路可靠性的影响时，可用公式（5-38）计算风量的可靠度。

5.5.2 通风构筑物可靠性分析模型

矿井通风构筑物的数量和质量对井下生产、安全的影响很大。通风构筑物主要有风门、风窗、风墙、风帘、风桥。如果按其作用不同可以分为三类，第一类是用于隔断风流的构筑物，如井口密闭门、风门、风墙等。对于这类构筑物，要求结构严密、坚固、漏风少；第二类是用于通过风流的构筑物，如扇风机风硐、反风设施、风桥等，这类构筑物要求其风阻小、漏风少；第三类是用于调节和控制通过的风量，如调节风窗。在对通风构筑物的可靠性评价时要求：风门的允许漏风率小于3%，风桥漏风率小于1%，风墙基本不漏风。通风构筑物是通过调节风阻来控制风流大小的。对于不同的构筑物，衡量其可靠性的方法也不相同。具体的可靠性方法如下：

（1）隔断风流类。包括密闭门、风门、风墙等在内的构筑物目的是为了截断通过巷道的风流，尽可能地阻止风流通过，减小漏风量，可以确保构筑物具备较高的可靠性。这类构筑物的可靠性代表了其隔断风流的能力，用 R 代表可靠度，其计算方法为：

$$R = 1 - Q_1/Q_2 \tag{5-39}$$

式中：Q_1——隔断风流类构筑物的漏风量（m³/s）；

Q_2——隔断风流类构筑物入风侧设计风量（m³/s）。

对于截断风流的通风构筑物，在通风构筑物设计时希望其漏风量为零，但由于在施工过程中的误差、选材的差别等各种因素的影响，新建成的截断风流的构筑物肯定有一定的漏风，其值可以通过现场实测得到。对于一个新建成的截断风流的构筑物 i，其可靠度 $R_{gi}(0)$

可以表示为：
$$R_{gi}(0) = 1 - Q_{Li}/Q_i(0) \tag{5-40}$$

由于通风构筑物在使用过程中，随着其使用时间 t 的增长，不断受到外部环境及本身逐渐老化等因素的影响，在经过再次维修之前，其漏风量会逐渐增加。

在 t 时刻该构筑物的漏风量可以评估为：
$$Q_{Li} = \xi_{Li}(t) \cdot Q_{Li}(0) \tag{5-41}$$

式中：$\xi_{Li}(t)$——与截断风流的通风构筑物在使用期内的经历有关的系数，$\xi_{Li}(t) \leqslant 1$。

(2) 通过风流类。在井下设置扇风机风硐、反风设施、风桥等这类构筑物的目的是为了尽可能地通过风流。因此与隔断风流类构筑物相反，通过风流类构筑物的可靠性代表了其顺利通过风流的能力，如果风流通过之后风量的损失较大，表明该构筑物的可靠性较差。用 R 代表通过风流类的可靠度，其计算方法为：
$$R = 1 - [Q_1 - Q_2]/Q_1 \tag{5-42}$$

式中：Q_1——通过风流类构筑物入风侧的风量（m^3/s）；

Q_2——通过风流类构筑物出风侧的风量（m^3/s）。

在设计风流通过通风构筑物时，总希望风流在通过该类构筑物时的损失最少。但由于构筑物在施工过程中的误差，新建成的构筑物在风流通过的过程中总有一定损失，即：
$$Q_{i1}(0) \geqslant Q_{i2}(0) \tag{5-43}$$

其风量损失为：$Q_{Li}(0) = Q_{i1}(0) - Q_{i2}(0)$，在下次维修之前，随着构筑物使用时间 t 的增长，$Q_{Li}(t)$ 逐渐增大，$Q_{Li}(t)$ 数据可以通过现场实测得到，也可以按下式评估得到。
$$Q_{Li}(t) = \lambda_{Li}(t) \cdot Q_{Li}(0) \tag{5-44}$$

式中：$\lambda_{Li}(t)$——与通过风流的通风构筑物在使用期内的经历等因素有关的系数，$\lambda_{Li}(t) \geqslant 1$。

(3) 调节与控制类。通过调节风窗的调节与控制，可使通过它的风量与设计要求的一致。因此，风窗等调节与控制类构筑物的可靠性表示其参与调节与控制后，通过的风量达到与设定风量一致程度的能力。用 R 代表可靠度，调节与控制类构筑物的可靠度计算方法为：
$$R = 1 - |Q_1(t) - Q_2|/Q_2 \tag{5-45}$$

式中：Q_1——通过调节与控制类构筑物的风量（m^3/s）；

Q_2——通过调节与控制类构筑物的设计风量（m^3/s）。

对于通风构筑物系统而言，其功能就是要保证各用风点的用风需求。通风构筑物的可靠性程度对风流的稳定性有很大影响，如有些矿井风门漏风严重，根本起不到隔断风流的作用，这样它的可靠性就比较差，自然会引起风流的波动，影响风路中风流的稳定性，在少数情况下会造成风流静止甚至反向。对于像风桥这类通过风流的通风构筑物而言，设计时不但要考虑尽可能减少漏风，还要考虑尽可能采用减小其局部阻力的措施。因此，对于通风构筑物要加强管理，这样就可以提高其可靠性。

5.5.3 通风网络稳定性分析模型

矿井通风网络稳定程度的影响因素有多种，主扇的布置、风压的大小、通风网络结构等都会影响通风网络稳定。而局部地区、采区的风流稳定性，主要受局部或采区通风系统条件的影响。风流稳定性基本判别方法如下：

设某一风路的风阻为 R，当该风阻产生增量 ΔR 时，将会对同一网络中其他风路的风量

Q 产生影响。下式中：

$$\Delta R \propto f(Q) \quad (i,j=1,2,\cdots,n) \tag{5-46}$$

$f(Q)$ 的大小就反映了对同一网络中其他风路的风流稳定的影响程度。

令

$$f(Q) = Q'/Q \tag{5-47}$$

式中：Q——风阻 R 没有增量时，其他风路的风量值；

Q'——风阻 R 存在增量时，其他风路的风量值；

$f(Q)$——风阻 R 存在增量时，其他风路风流稳定程度系数；

n——网络中的分支数。

可根据 $f(Q)$ 的大小来判断某一风路风阻变化时对同一网络中其他风路风流稳定的影响程度。$f(Q)$ 的值越接近 1，说明其他风路的风流越稳定；另外，当用风点的风量具备可允许的变化区间时，风量的变化使得 $f(Q)$ 同样落在可以允许的区间内，同样能够说明其他风路的风流比较稳定；$f(Q)$ 以负值形式出现，则 Q 与 Q' 所代表的风流方向相反，表明产生风阻增量时对其他风路风流造成了较大的影响，说明其他风路稳定程度较差。

5.5.4 通风系统可靠性分析图

通风系统可靠性分析程序流程如图 5-8 所示。

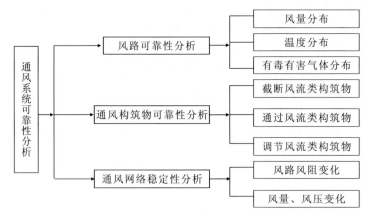

图 5-8 通风系统可靠性分析流程图

§5.6 通风系统优化分析

5.6.1 通风网络优化模型

设某一通风网络含有 n 条分支、m 个节点，对该通风网络进行的优化目标就是使通风总功率最小。该通风网络共有 $k=n\cdot m+1$ 个独立回路，则依据约束条件建立的通风网络优化调节模型为：

第 5 章 通风辅助决策系统

$$\min Z = \sum_{j \in F} P_{fj} q_j = \sum_{j=1}^{n} q_j (r_j q_j^2 + \Delta h_j - h_{Nj})$$

$$\sum_{j=1}^{n} b_{ij} q_j = 0 \quad (i = 1, 2, \cdots, m-1) \tag{5-48}$$

$$\sum_{j=1}^{n} c_{ij} (r_j q_j^2 + \Delta h_j - h_{Nj} - P_{fj}) = 0 \quad (j = 1, 2, \cdots, k)$$

式中：P_{fj}——分支 j 中的风机风压；

F——含有风机分支集合；

$r_j, q_j, \Delta h_j, h_{Nj}$——分别为分支 j 的风阻、风量、调节阻力和自然风压；

$\{c_{ij}\}$——基本回路矩阵；

$\{b_{ij}\}$——基本关联矩阵。

在以上的优化模型中，起到优化决策作用的变量是风量 q_j 和调节阻力 Δh_j。通风网络的分支风量已知时，Δh_j 和 P_{fj} 成为参与优化的决策变量。

在不考虑自然风压影响的情况下，若通风网络的分支风量为已知常数，则式（5-48）中的网络优化模型可转化为线性规划问题，通过建立优化目标函数，同时去掉无关的常量，式（5-48）中通风网络优化调节模型可表示为：

$$\min f(\Delta h) = \sum_{j=1}^{n} \Delta h_j q_j$$

$$\text{s.t.} \quad \sum_{j=1}^{n} c_{ij} (h_j + \Delta h_j) = 0 \quad (i = 1, 2, \cdots, k) \tag{5-49}$$

$$\Delta h_j \geqslant 0 \quad (j = 1, 2, \cdots, n)$$

式中 c_{ij} 为基本回路矩阵。该线性规划模型可利用单纯形法来求得最优化解，将式（5-49）模型的一般矩阵形式表示为：

$$\min f = C^T x$$

$$\text{s.t.} \quad Ax = b \tag{5-50}$$

$$x \geqslant 0$$

式中：$C = (c_1, c_2, \cdots, c_n)^T = (q_1, q_2, \cdots, q_n)^T$

$x = (x_1, x_2, \cdots, x_n)^T = (\Delta h_1, \Delta h_2, \cdots, \Delta h_n)^T$

$A = \{a_{ij}\}_{k \times n} = \{c_{ij}\}_{k \times m}$

$b = \{b_1, b_2, \cdots, b_k\}, b_i = -\sum_{j=1}^{n} c_{ij} h_j$。

通过进一步的数学变换，可将上式转化为：

$$\begin{aligned} & x_1 + a_{1,k+1} x_{k+1} + \cdots + a_{1n} x_n = b_1 \\ & x_2 + a_{2,k+1} x_{k+1} + \cdots + a_{2n} x_n = b_2 \\ & \quad \vdots \\ & x_k + a_{k,k+1} x_{k+1} + \cdots + a_{kn} x_n = b_k \\ & x_i \geqslant 0, i = 1, 2, \cdots, n \end{aligned} \tag{5-51}$$

假设 $b_1, b_2, \cdots, b_k \geqslant 0$，称 $x_1, x_2, \cdots, x_k$ 为基变量，$x_{k+1}, x_{k+2}, \cdots, x_n$ 为非基变量。显然，迭代初始值 $x^{(0)} = (b_1, b_2, \cdots, b_k, 0, 0, \cdots, 0)^T$ 是可行解，可得初始目标

函数值：
$$f_0 = c_1 b_1 + c_2 b_2 + \cdots + c_k b_k$$

同时由式（5-50）得出：
$$f = f_0 + \sum_{j=1}^{n}(c_j - z_j)x_j$$

其中 $z_j = \sum_{i=1}^{k} c_i q_{ij}$ $(j = k+1, k+2, \cdots, n)$

若对任意的 j，有 $c_j - z_j \geq 0$，则改变 $x^{(0)}$，使至少有一个 $x_j > 0$，$j \geq k+1$，这时
$$f = f_0 + \sum_{j=1}^{n}(c_j - z_j)x_j > f_0$$

即目标函数取得最小值 f_0 时 x_j 的解一定为初始值 $x^{(0)}$（$c_j - z_j \geq 0$）。

相反，当 $c_j - z_j < 0, j \geq m+1$，目标函数 f 将取得最大值 f_0。随着 x_j 的增加，目标函数 f 将由最大值逐渐减小。尽可能让 f_0 达到最大的减小速度，通过变换
$$c_s - z_s = \min[c_j - z_j \mid c_j - z_j < 0, j = 1, 2, \cdots, n]$$

则 $s \geq k+1$，将 x_s 变为某一正数，其他 x_j（$j=k+1, \cdots, n$）不变，保证

$$x_i = b_i - \sum_{j=k+1}^{n} a_{ij}x_j = b_i - a_{is}x_s, \quad (i = 1, 2, \cdots, k) \tag{5-52}$$

非负性，必须有 $x_s \leq \dfrac{b_i}{a_{is}}, a_{is} > 0 (i = 1, 2, \cdots, k)$，因此取

$$x_s = \frac{b_Q}{a_{Qs}} = \min\left\{\frac{b_i}{a_{is}} \mid a_{is} > 0, i = 1, 2, \cdots, k\right\} \tag{5-53}$$

这时 $x_Q = b_Q - a_{Qs}x_s = b_Q - a_{Qs}\dfrac{b_Q}{q_{Qs}} = 0$，得

$$x^{(1)} = \left(b_1 - a_{1s}\frac{b_Q}{a_{Qs}}, \cdots, 0, b_k - a_{ks}\frac{b_Q}{q_{Qs}}, 0, \cdots, \frac{b_Q}{a_{Qs}}, \cdots, 0\right)^T$$

式（5-53）的计算即是将 x_s 转化成基变量的过程。在式（5-52）中，若 Q 不存在，即 $a_{is} \leq 0$（$i=1, 2, \cdots, k$），则由式可看出 x_s 可无限制增加而不破坏 x 的非负性，同时又使 f 可无限制减少。对这种情况，可以说约束方程所组成的可行域无界。重复上述步骤，或可得最优解，或可得出可行域无上界的结果。

在式（5-51）中，假设 $b_1, b_2, \cdots, b_k \geq 0$，若得 $b_i < 0$，则可采用非负处理方法，具体步骤如下：

(1) 取 $b_Q = \min(b_i \mid b_i < 0, i=1, 2, \cdots, k)$；

(2) 若 $a_{Qj} \geq 0$，$j=1, 2, \cdots, n$，则原 LPM 无可行解；

(3) 否则取 $a_{Qs} = \min\left\{\dfrac{c_j}{|a_{Qj}|} \mid a_{Qj} \leq 0, j=1, 2, \cdots, n\right\}$；

(4) 采用式（5-53）的处理方法，通过计算将 x_s 转化成基变量；

(5) 当不存在 $b_i < 0$ 时，非负处理过程结束，否则转①。

5.6.2 通风网络系统优化分析图

通风网络系统优化分析如图 5-9 所示：

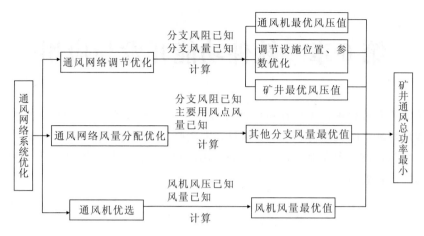

图 5-9 通风系统优化分析图

第6章 软件功能开发与应用

在系统的开发过程中，先后在冀中能源峰峰集团羊渠河矿、河南鹤壁煤电股份公司三矿、冀中能源峰峰集团大淑村矿进行了测试，并吸收了当地通风领域专家与煤矿通风一线管理人员的意见与建议，大大地提高了系统的实用性和科学性。鉴于篇幅有限，研究成果仅以大淑村矿为例进行展示。

§6.1 大淑村矿现状

大淑村矿是冀中能源峰峰集团下属主要矿井之一，位于河北省武安市、磁县和峰峰矿区接壤地带，行政隶属武安市淑村镇管辖。矿井东北距邯郸市26km，南距峰峰集团公司驻地峰峰镇13km，东南距京广铁路线马头站25km。大淑村矿井于1991年9月筹建，1994年12月正式开工建设，2002年12月建成投产，设计生产能力90万吨/年，服务年限59.6年。矿区面积9.7568km^2，矿井开拓方式为立井、单水平、分区式上下山开拓。井田划分东一、西二两个生产采区，东三、南翼两个开拓准备采区，矿井生产水平为−450m。

按矿井设计，大淑村矿开采2#煤（大煤）、4#煤（野青煤）、6#煤（山青煤）三煤层，采用先采4#煤后采2#煤的上行开采工艺，2#煤目前最深开采650m，4#煤最深开采790m。经鉴定，该矿井为煤与瓦斯突出矿井，2#煤层为突出煤层，矿井绝对瓦斯涌出量48.71m^3/min，相对瓦斯涌出量23.82m^3/t，属高瓦斯矿井。2#、4#煤层为三类不易自燃煤层，煤层煤尘均有爆炸性，其中2#煤层煤尘爆炸指数为8.43%～11.84%，4#煤层煤尘爆炸指数为8.02%。

6.1.1 矿井通风系统

大淑村矿通风系统为中央边界式，通风方式为抽出式，主、副井进风，风井回风。主井、副井、风井均位于大淑村矿工业广场内，主、副井位于工业广场中部偏北，风井位于工业广场南部。三个井筒均服务于全矿井。主井地面标高206m，井深725.16m，井筒断面净直径5.0m；副井地面标高206.5m，井深686.78m，井筒断面净直径7.0m；风井地面标高200.5m，井深530.5m，井筒断面净直径6.0m。大淑村矿的三个井筒均按规定留设了井筒保护煤柱，两个进风井附近无粉尘、有害和高温气体；副井和风井设有梯子间，作为该矿的两个安全出口。

矿井在南风井安设两台轴流式主要通风机，型号为GAF26.6-13.3-Ⅰ型，其中1台工作，1台备用，电机额定功率为1250kW，转速为1000r/min。该矿核定的供风量为10500 m^3/min，当前井下供风量为11293m^3/min，矿井总回风量为11543m^3/min，通风网络总长度为21250m。通风机负压为2864Pa，矿井等积孔为4.29m^2，属于通风容易矿井。

6.1.2 瓦斯抽采系统

大淑村矿矿井地面建有永久瓦斯抽放系统,安装 4 台 $CBW_{1355}-IBV_3$ 型水循环式瓦斯抽放泵,瓦斯泵房安装有随时监测瓦斯抽放浓度、流量、压力等抽放参数的系统一套。单泵抽放能力为 $82.5m^3/min$,功率为 $132kW$。井下建有完善的瓦斯抽放系统,地面到风井底敷设一条 $Φ450mm$ 的主抽放管路,风井底到东、西翼回风上山分别敷设 $Φ350mm$ 和 $Φ300mm$ 抽放管路,从东、西翼回风上山到各个抽放钻场敷设 $Φ200mm$ 抽放管路。

矿井先开采下保护层 4♯煤层,对被保护层 2♯煤层进行保护,瓦斯抽放使用 ZDY-5 型和 SGIL-ID 型煤矿用全坑道液压钻机,由保护层向 2♯煤层打穿层钻孔抽大煤瓦斯,在大煤工作面掘进和回采时打本煤层钻孔抽取煤层瓦斯。目前矿井瓦斯抽放纯量为 $22\sim23 m^3/min$,矿井瓦斯抽采率为 41.14%。

6.1.3 安全监控系统

大淑村矿安全监控系统为 KJ90NB 型,目前井下安装有瓦斯传感器 73 台、风速传感器 4 台、风机开/停传感器 28 台、温度传感器 13 台、CO 传感器 8 台、烟雾传感器 8 台、馈电传感器 30 台、溜子开/停传感器 12 台、风门开关传感器和语音传感器 11 台,共计 187 台;安装分站 37 台。储备瓦斯传感器 117 台、风速传感器 28 台、风机开/停传感器 10 台、温度传感器 2 台、CO 传感器 12 台、烟雾传感器 14 台、馈电传感器 30 台、溜子开/停传感器 88 台、风门开关传感器和语音传感器 17 台,分站 14 台。

§6.2 系统测试与界面

6.2.1 系统简介

矿井三维实时数字通风系统以 MapGIS 地理信息系统为平台,综合了通风、GIS、计算机网络、数据库、仿真、OA 等多技术的集成应用。

该系统以可视化技术为基础,通过矿井通风可视化系统,能够实现三维巷道可视化、通风构筑物可视化、通风参数可视化、通风机可视化以及通风系统图的三维可视化;该系统与煤矿监测系统相集成,通过访问监测系统的动态数据库,将井下的实时监测数据显示在三维通风系统图上,实现数据的动态可视化效果,从而直观地反映出井下环境的各种参数的变化,解决了以往监控数据纯数字、难对应、易出错的现象,为矿上的安全调度工作提供了快速、可靠的决策支持;该系统可基于 GIS 技术对矿区基础数据进行一体化的储存管理,实现对通风系统的网络解算、网络调节、通风机性能分析、通风网络可靠性分析与优化等辅助决策管理功能。

结合大淑村矿的实际情况开发研制的三维数字通风系统,通过在大淑村矿的实际应用,在功能上主要存在以下几个方面的优势和创新之处。

(1) 安全性高。大淑村矿三维数字通风系统采用的是需授权的登陆平台,用户分为管理员用户和普通用户,普通用户可对通风仿真系统进行浏览和查询,管理员用户除了具备普通用户的这些功能之外,其最重要的职能和权限就是可以对通风仿真系统进行实时修改更新,而其他人要想对系统进行修改,必须得到管理员在系统内部的授权才能进行操作。这种方式确保了系统的安全性,防止了误操作,使得系统在管理和使用上更加方便和安全。

(2) 视图效果好。

1) 三维立体模型。此套系统在视图上改变了以往仿真系统的二维模型模式,二维模型模式在视觉效果上与普通的通风系统 CAD 图没有本质的区别;而本套系统采用的是三维模型模式,使得系统的仿真功能得到了提升,用户在操作的过程中能够体会到身临其境的感受。尤其是设置了巷道漫游的功能,使得用户可以全方位、多角度地观察巷道。

2) 人性化显示。在视图效果上,为了满足不同条件下的观看需求,设置了人性化的修改模式,改变了以往的单一模式。此功能不但可以对视图背景进行修改,而且可以对巷道颜色进行修改,从而使得观察的效果更加清晰合理。

(3) 功能全面。

1) 巷道的增减和属性修改。矿井的巷道是一个动态的过程,在开采的过程中会产生新的巷道;而且原有的巷道有的会被封闭,有的则是为了满足开采的需要对其进行了拓宽或者改变了原有的支护模式。本套系统具有完善的巷道增减和属性修改的功能,可以随时对新掘进的巷道在视图上进行增添,而且操作方便,可以对巷道起始点进行编辑,使得精确度大大提升;对于已经封闭的巷道可以删除,而且删除之后其将不参与通风网络解算,这样就可以提供及时可靠的解算结果;对于修改的巷道,如巷道的周长、支护方式、通风构筑物等进行实时修改,确保了通风仿真系统的真实性和可靠性。

2) 保存功能。在对巷道进行增减或者修改之后,本系统对新的数据信息采用的是 Excel 表格的方式进行存储,用户可以对存储的数据按日期命名以便于管理和以后的使用。存储的数据可以存储在系统外部,这就大大节约了系统的空间,使得系统的运行更加快捷;而且 Excel 数据所占内存较少,这就改变了以往需要大量空间的情况。以往的矿井通风图采用的是 CAD 图格式,相比 CAD 图,Excel 数据所占的空间不但大大减少,更重要的是使用方便并且便于比对。在使用时只需将数据导入系统,就可以自动生成三维视图,这样就没有必要对所有的图进行保存,在需要以往的通风图的时候,只需调出当时保存的数据就可以。而且本系统还设置了多种存储功能,比如巷道漫游路径的存储,也可将经过用户建模和一系列操作的三维工程文件另存起来,用户下次可以选择打开功能将保存的文件直接调用进来。这样就大大节约了时间,使得系统的操作更加方便和快捷。

3) 通风网络解算和设置风量报警参数。本套系统采用了两种通风网络解算方法,用户可以根据需要选择任一方法进行解算。网络解算结果通过与现场实测通风量进行比较,两者比对结果在预测范围之内,充分证明了通风网络解算方法的可靠性。而且设置了风量报警参数这一功能,在设置各巷道的风量警报参数后,如果实际巷道风量低于预警风量,系统将给出提示,便于工作人员核查。

(4) 实时交互性强。本数字通风系统和矿井监测系统的连接,使得矿井实测数据和通风仿真系统的数据做到了真正的实时交互。通过计算和图形显示相结合,使计算、图形和数据库操作达到了同步,实现程序的无缝连接,程序运行更加稳定和快速,功能也更加强大。

(5) 指导性强。传统通风仿真系统由于不具备实时数据的动态查询功能,它为矿方所提供的仅仅是通风系统状态的参考,而不能对当前通风系统进行及时的调整与改造。本数字通风系统在实时交互的基础上,通过对实时数据、历史数据、实时曲线、历史故障统计等功能应用的分析，为矿方及时地控制调整通风系统提供准确的指导性信息，使煤矿的通风管理处在一个实时的动态循环中。

6.2.2 系统主界面

系统采用了如图6-1所示的登陆平台，确保了矿井通风仿真系统的安全性，登陆者身份分为管理员和普通用户，并对两者的权限进行了限制，其中普通用户的权限为普通的浏览操作，管理员的权限除了具有普通用户的权限之外，其最重要的权限就是可以对通风仿真系统图进行修改和保存，这就确保了系统的安全性，非管理人员必须在知道用户名和密码后才能进行修改，有效地防止了非专业人员的误操作。系统主界面如图6-2所示。

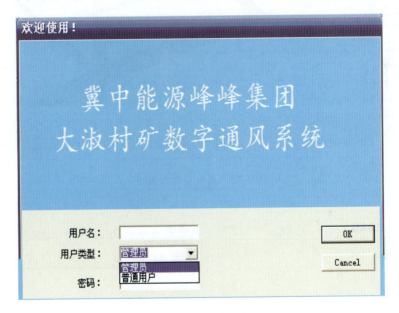

图6-1 登陆平台

(1) 图层栏。图层栏由四部分组成，分别为：

1) 组件工具箱。组件工具箱是用来放置功能组件的，包括通风网络解算、通风三维动态模拟显示等组件。

2) 图层。为了管理的方便，一般把系统拆解为多个部分，把属性相近的物体设置为一个图层，这样系统就可以由多个图层来表示。在本系统中，把矿井三维模型分为巷道图层、地层图层、构筑物图层和风向图层等多个图层。

3) 模型库。模型库是用来存放矿井通风中各种三维模型的地方。

4) 收藏夹。可以把矿井中经常使用或重要的地点如采面、掘面等设置在收藏夹中，方便日常查询。

(2) 视图区。矿井通风三维模型和通风网络图可在此视图区显示，既有二维的视图区域，也可进行三维的模型显示，如图6-3所示。

(3) 属性栏。该区域可进行属性的查询，通过二维向导快速地查找巷道、通风构筑物等的属性，如图6-4所示。

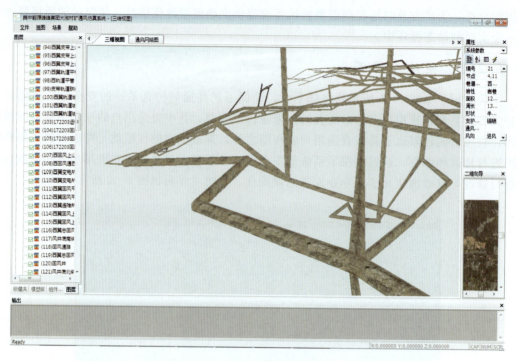

图6-2 系统主界面视图

图6-3 系统视图区域

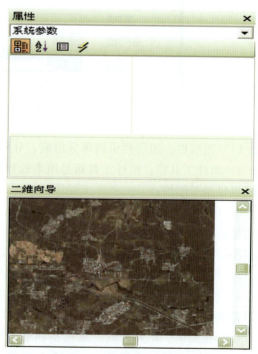

图6-4 系统属性栏区域

§6.3 井巷三维可视化应用

6.3.1 三维通风模型构建

三维通风模型的构建主要通过向系统输入巷道的拓扑关系数据文件,经系统读取并分析数据,进而快速自动地生成精确、逼真的巷道模型。另外,在外部(AutoCAD、3DMax 等软件)建好的风机、构筑物和设备等模型,也可以直接拖入虚拟巷道之中,如图 6-5、图 6-6 所示。

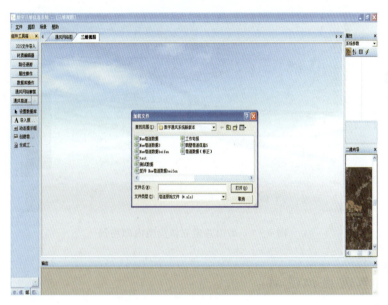

图 6-5 系统数据导入视图

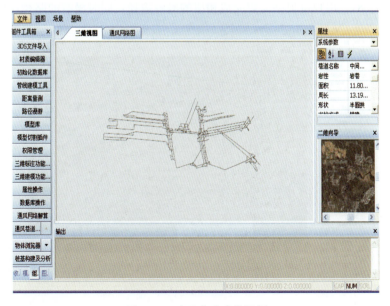

图 6-6 矿区巷道建模视图

6.3.2 三维图形操作

如图 6-7 所示，系统为用户提供鼠标和键盘两种方式实现对系统三维模型放大、缩小、平移、旋转等的操作，同时可根据用户习惯，对于经常重复用到的视角或者比较重要的位置，系统可以进行常用视图的储存。

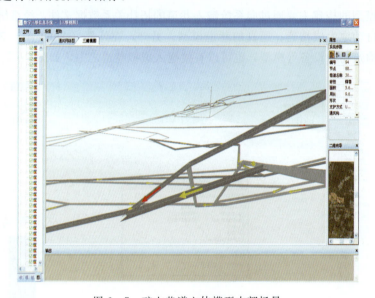

图 6-7 矿山巷道立体模型内部场景

6.3.3 巷道虚拟漫游

系统可实现在模拟巷道中的虚拟漫游，并提供了自动漫游、查询式漫游和交互式漫游三种漫游方式（图 6-8）。用户可根据需要完成相应的漫游途径，同时漫游的路径还可以进行储存。

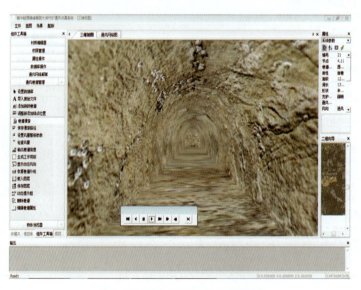

图 6-8 矿山巷道漫游场景视图

6.3.4 三维场景管理

利用信息分层管理技术，系统实现对井下巷道、节点、构筑物、通风动力装置、风流方向等要素的分层管理，一个要素层是同一类三维实体对象的集合，针对不同类实体对象的管理可以通过分别建立相应的要素层来实现（图6-9）。

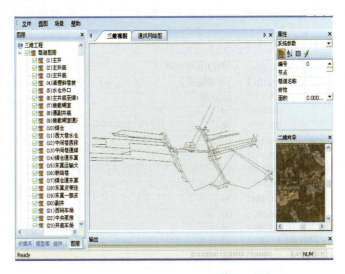

图6-9　三维场景管理视图

6.3.5 巷道增减

矿井通风系统是处于动态变化中，在开采的过程中巷道时有增减，这就需要在通风仿真系统三维模型上作出相应的增减，所以，巷道的增减也是本系统的一项重要功能。在增添巷道的过程中，如图6-10所示，可对巷道点进行调节，使在三维图上的显示与实际情况相

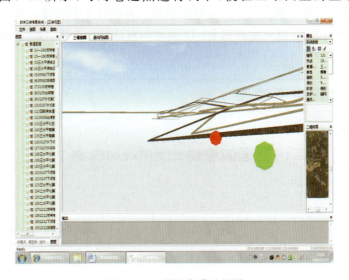

图6-10　增添巷道过程图

符，并可以对巷道的属性进行编辑，这样就大大减少了人工工作量。而在增减完巷道后，可将实时数据存储，在下次进行建模和网络解算时将以最新的数据显示，为矿井日常通风管理提供直观、及时、可靠的信息。

增添巷道不仅适用于已形成的巷道，更重要的是可以在掘进新的巷道前进行模拟，其目的是力求在实际系统建成之前取得近于实际的效果，可以根据模拟和解算的结果确定如何掘进使得通风效果达到最好，从而提高管理水平。图 6-11 为新添加巷道属性编辑对话框。

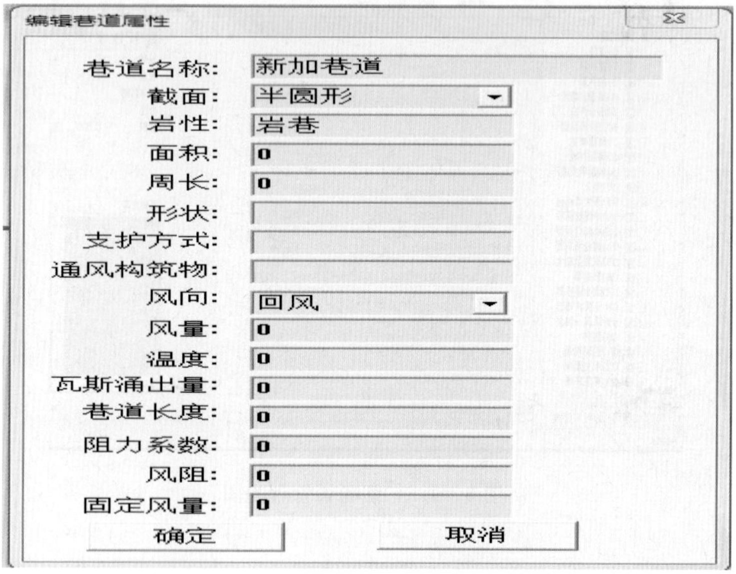

图 6-11　编辑新加巷道属性对话框

6.3.6　巷道信息输出

以 excel 表格形式输出数据库中所有巷道信息。在组件工具箱里，点击通风巷道管理插件下的"输出巷道信息"，将弹出如图 6-12 所示的对话框。选择"是"，数据库中巷道信息将在 excel 中打开，如图 6-13 所示。

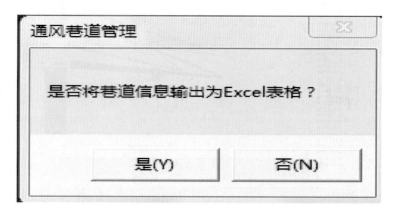

图 6-12　输出巷道信息

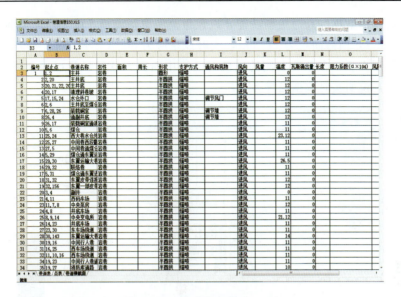

图 6-13　巷道信息输出 excel

§6.4　矿井通风监测与预警应用

6.4.1　通风监测数据显示

在三维可视化通风系统图上，通过导入监控系统的实时监测数据，可以动态查询井下瓦斯浓度、一氧化碳浓度、温度、风量、设备开/停与风门状态等实时运行参数。实时数据的显示通过动态提示框进行查询，点击需查询的巷道，系统自动弹出巷道相关信息与实时监测信息，如图 6-14 所示。

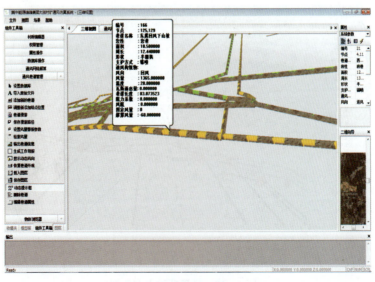

图 6-14　通风监测数据查询视图

系统具有实时数据的及时更新功能,以风量监测更新为例,位于西翼大巷的风速传感器实时数据为8m/s,横截面积为11.3m²,实时风量应为8m/s×11.3m²=90.4m³/s。通过双击西翼大巷图层面板,在系统右侧的属性对话框中西翼大巷的风量已更新为90.4m³/s,如图6-15所示,说明实时数据已导入。

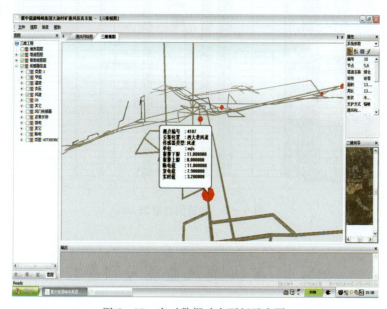

图6-15 实时数据动态更新示意图

6.4.2 监测点布置视图

三维通风系统图同样能够清晰地显示井下各监测点以及监测分站的详细布置,图6-16为三维通风系统图下风速传感器的布置点示意图。

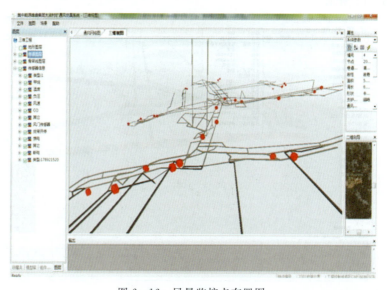

图6-16 风量监控点布置图

根据矿井安全监测信息,设置风量、瓦斯浓度、一氧化碳浓度、温度等监测参数的报警值,作为通风预警系统的指标。

以风量的预警为例,通过设置各巷道的风量警报参数后,如果巷道实时监测风量低于预警风量,系统将给出提示,便于工作人员核查。点击"设置风量警报参数",弹出如图6-17所示的对话框。用户通过单击解算风量这一列数据,即切换到输入状态,如图6-18所示,修改了装载硐室的预警风量为200。

图6-17 设置风量警报参数前   图6-18 设置风量警报参数后

§6.5 通风辅助决策系统应用

6.5.1 通风网络图生成

根据通风网络分支的拓扑关系,通过导入基础数据(图6-19),系统可自动生成通风

图6-19 导入数据对话框

网络图（图6-20），用户可根据要求对通风网络图进行相应的调节。

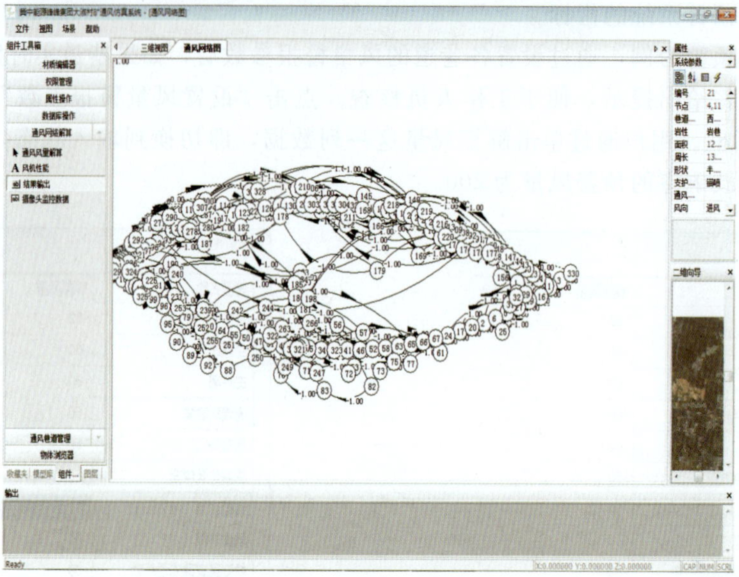

图6-20 生成通风网络图

6.5.2 通风网络解算

系统通过导入实时通风参数数据，利用相关通风网络解算方法进行计算机网络解算，为通风网络调节提供依据。系统设置的初始迭代方式有Scott法和牛顿法两种，如图6-21所示。

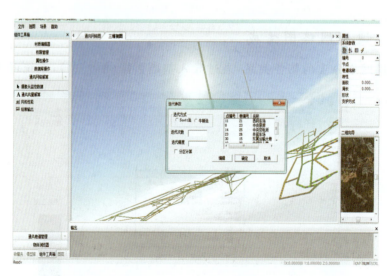

图6-21 迭代初始设置

设置好迭代方式后，点击［确定］按钮，系统即可进行网络解算，同时显示网络解算的结果，如图6-22、图6-23所示。

第6章　软件功能开发与应用

图 6-22　网络解算过程视图

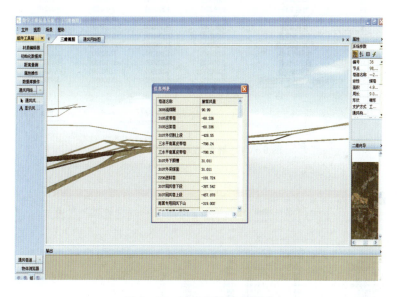

图 6-23　网络解算结果视图

　　根据实际应用显示，通风网络解算结果与实测通风结果相符，可以对通风网络解算结果设置报警值，当巷道风量不足或巷道风量过大时，系统将自动给予提示，使工作人员能够及时发现通风系统中存在的问题，快速提出相应的对策，使通风系统各分支风量趋于供需平衡。点击"结果输出"将弹出如图 6-24 所示解算结果比较对话框。在该对话框中，"变化"一列显示了本次风量和上次风量之间的差别，如果某行"变化"列为空，则表示这两次风量是一致的。用户可以从中很容易看出随着巷道参数的变化，或者是巷道的增减，哪些地方的风量发生了改变，改变量是多少，可以为网络调节作参考。

6.5.3　通风网络调节

　　在进行通风网络调节时，管理人员只需通过通风网络解算功能栏的通风风量调节功能操作，系统可以 excel 的形式输出风量调节的参考值，如图 6-25 所示。

编号	名称	风阻	本次风量	上次风量	变化
1	主井	0.003632	26.496000	0.000000	-26.49600
2	主井底	0.000560	20.881000	0.000000	-20.88100
3	主井底	0.002461	18.828000	0.000000	-18.82800
4	清理斜巷坡	0.046885	2.052900	5.000000	2.947100
5	水仓外口	0.025610	1.150200	6.300000	5.149800
6	主井底至煤仓	0.012614	5.615100	0.000000	-5.61510
7	装载硐室	0.020360	-4.771300	0.000000	4.771300
8	通副井底	0.041044	-3.868600	4.016670	7.885270
9	装载硐室通清理斜巷	0.011451	-0.902680	0.000000	0.902680
10	煤仓	0.001000	-10.386000	0.000000	10.38600
11	西大巷水仓外	0.002561	0.356490	63.333300	62.97681
12	中间巷西段翻罐笼	0.004983	5.973100	16.533300	10.56020
13	中间巷通煤仓	0.002551	7.993800	0.000000	-7.99380
14	煤仓通东翼运输巷	0.002895	11.730000	0.000000	-11.73000
15	东翼运输大巷	0.001406	1.178300	1.178320	
16	联络巷	0.003687	10.551000	0.000000	-10.55100
17	煤仓通东翼进风巷	0.006533	6.650500	0.000000	-6.65050
18	东翼皮带连接巷	0.007973	1.438100	0.000000	-1.43810
19	东翼一部皮带道	0.030078	11.989000	21.550000	9.561000
20	副井	0.001591	32.420000	0.000000	-32.42000
21	西码车场	0.003183	3.643100	72.000000	68.35690
23	中央泵房	0.052626	-0.520850	0.000000	0.520850
24	井底车场	0.002216	4.822900	0.000000	-4.82290
25	中央变电所	0.037533	4.302100	0.000000	-4.30210
26	井底车场	0.002702	14.752000	0.000000	-14.75200
27	东车场绕道	0.002283	20.201000	0.000000	-20.20100
28	东翼运输大巷	0.007927	21.380000	88.083300	66.70330
30	中间行人巷	0.007959	2.165700	12.200000	10.03430
31	西车场绕道	0.006015	6.329600	51.933300	45.60370
32	西车场绕道	0.008952	4.163900	51.933300	47.76940
34	中间行人巷通东车场绕道	0.003522	5.449800	0.000000	-5.44980

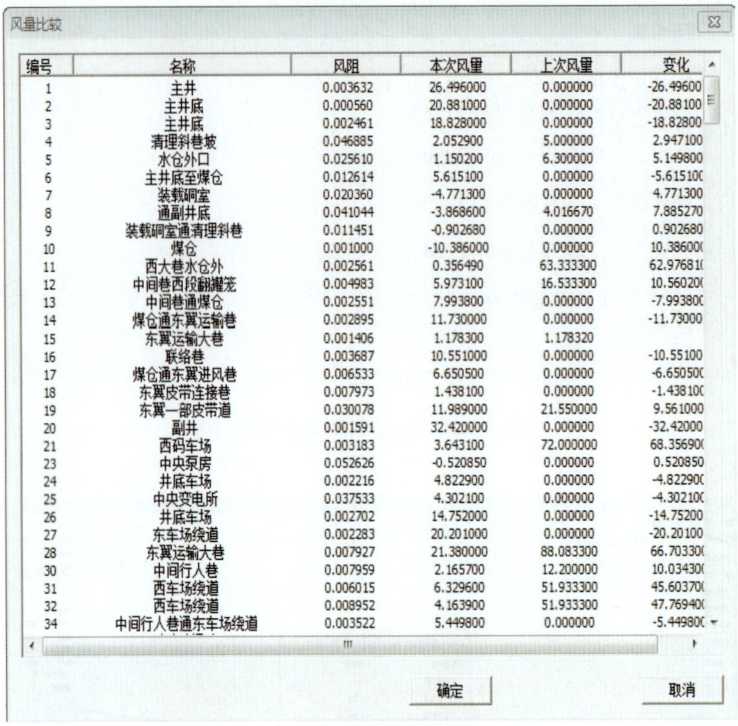

图 6-24　解算结果比较及输出

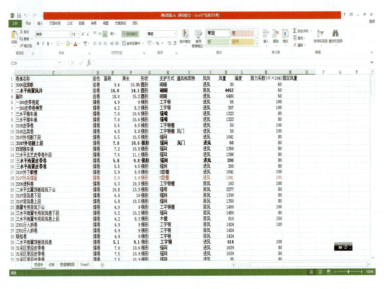

图 6-25　通风网络调节视图

6.5.4　风向显示与更新

完成通风网络解算后，管理人员通过点击“显示动态风向”，系统能够在巷道三维视图上用流动的形式表示风量的流动。其中绿色箭头表示"进风",黄色箭头表示"回风",如图 6-26 所示。

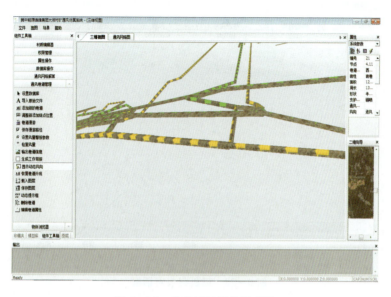

图 6-26　动态显示风量示意图

系统可自动更新风流的方向。当通风系统发生变化,用户可点击更新风向按钮完成风向的实时更新功能。如图 6-27 所示。

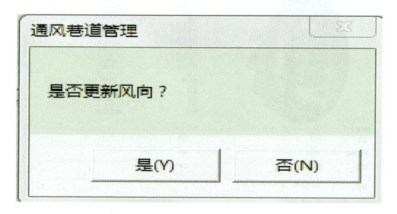

图 6-27　风向更新提示框

6.5.5　通风机性能曲线处理

通过对矿井通风系统中风机使用的理论和功能分析,以及矿井通风仿真的研究,运用 Visual C++编程语言进行程序设计,完成了矿井通风仿真系统中风机的可视化应用仿真,完善了通风仿真系统的通风动力部分,实现了通风仿真系统中对通风机的可视化控制操作和功能分析。在风机列表对话框中显示了所有的风机信息,包括风机名称、风机所在巷道编号、巷道名称、风量、效能、风压等相关参数,而风机性能曲线图也可通过风机的原始数据和解算结果生成,如图 6-28、图 6-29、图 6-30、图 6-31 所示。

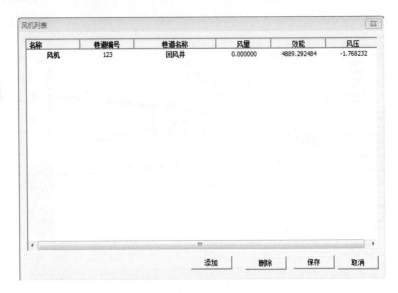

图 6-28 风机列表对话框

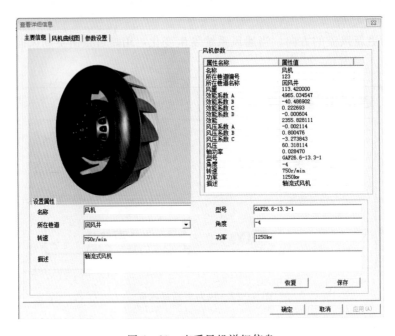

图 6-29 查看风机详细信息

6.5.6 通风日常报表管理

为了通风安全管理和检查的需要,矿井工作人员每月需要制作大量的安全报表。报表中记录的矿井实测数据是对矿井进行通风安全管理的重要依据,以往主要靠手工进行输入、处理,效率较低且易出错。此系统具备自动输出和处理通风日常报表管理的功能,如图 6-

第 6 章　软件功能开发与应用

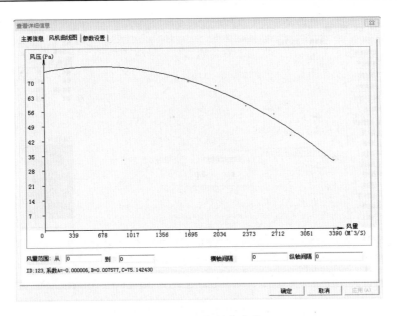

图 6-30　风机性能曲线

图 6-31　风机参数设置

32、图 6-33 所示。

本系统中，操作人员可以根据以往工作中习惯采用的工作报表格式对系统中的报表模板进行修改，操作方便，而且可以设置多种模板，这样就大大减少了人工录入的工作量，提高了工作效率。

以上仅对本实时数字通风系统的部分功能进行了描述，通过在大淑村矿的实际应用，可以看出本系统达到了预期的研究目标。运用该系统可以及时发现和预测系统正常运转过程中

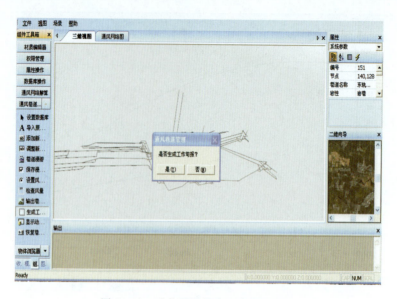

图 6-32　矿井通风报表生成视图（1）

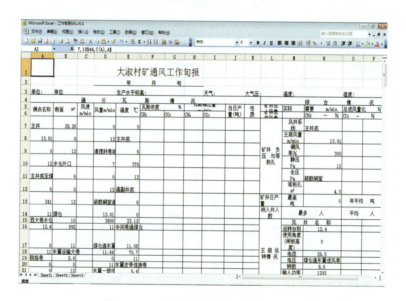

图 6-33　矿井通风报表生成视图（2）

可能出现的故障与事故隐患，为矿井通风系统的设计规划与维修改造提供科学依据，为通风系统的整体或单元性能的评价找到更加全面而合理的指标。它是防止和减少矿井通风系统事故发生，保障其合理、经济、高效运转的关键，也是优化通风设计、促进安全生产的一项重要任务。

主要参考文献

AQ 1029—2007，煤矿安全监控系统及检测仪器使用管理规范［S］

卜凡臣，姜克寒，贾进章．通风系统可靠性和稳定性数学模型研究［J］．中国安全科学生产技术，2007，3（6）：147－148

曹震宇．矿井通风系统可靠性评价方法研究［D］．太原：太原理工大学，2006

陈开岩，傅清国，刘祥来，等．矿井通风系统安全可靠性评价软件设计及应用［J］．中国矿业大学学报，2003，32（4）：393－398

陈明，陆岚．基于.NET插件技术的GIS应用框架的设计与实现［J］．信息系统工程，2012，（3）：31－32

陈胤．基于矿井通风信息处理系统的预警系统研究［D］．焦作：河南理工大学，2009

程朋根，陈红华，刘少华．地矿三维数据模型及其可视化方法的研究［J］．中国矿业，2002，11（2）：60－63

程线，戴国梁，李太福．DDE技术在控制与信息网络集成中的应用［J］．计算机工程与设计，2005，26（7）：1770－1771

程远国，王德明．矿井通风系统可靠性研究［J］．太原理工大学学报，1998，29（4）：432－436

丛善本．矿井通风系统分析［M］．北京：冶金工业出版社，1981

高红波，王跃明，刘玉彬，等．矿井可视化通风系统的研究［J］．太原理工大学学报，2004，35（3）：335－337

龚君芳，吴信才，刘修国，等．基于框架/插件的三维数字矿井通风系统［J］．矿业研究与开发，2008，28（4）：58－59

韩慧．矿井通风安全自动监测报警系统［D］．青岛：山东科技大学，2006

韩瑞栋．煤矿三维可视化系统关键技术研究与实现［D］．青岛：山东科技大学，2007

胡海斌．三维巷道漫游的研究与软件开发［D］．太原：太原理工大学，2007

黄俊歆．矿井通风系统优化调控算法与三维可视化关键技术研究［D］．长沙：中南大学，2012

黄元平，李湖生．矿井通风网络优化调节问题的非线性规划解法［J］．煤炭学报，1995，20（1）：14－20

李春民，李仲学，王云海．井巷工程三维可视化系统设计及实现［J］．金属矿山，2007，（12）：86－89

李恕和，王义章．矿井通风网络图论［M］．北京：煤炭工业出版社，1982

李晓强．矿井通风构筑物的重要性及构筑技术要求［J］．黑龙江科技信息，2011，（20）：297

李新肖，郑南宁，张汀．基于图象的交互绘制和数据压缩［J］．中国图象图形学报，1999，4（4）：280－284

林安栋．矿井通风安全监测监控系统关键技术研究［D］．阜新：辽宁工程技术大学，2008

林增勇．矿井通风可视化系统研究与应用［D］．武汉：中国地质大学（武汉），2008

刘红波．基于插件技术的GIS应用框架研究［D］．南京：南京师范大学，2008

刘剑，贾进章，郑丹．流体网络理论［M］．北京：煤炭工业出版社，2002

刘景秀．矿井风流状态的突变分析［J］．工业安全与环保，2002，28（5）：4－7

刘丽卿，李文英．矿井风机特性可视化模拟研究［J］．机械管理开发，2007，（1）：79－82.

马斌，李仲学，李翠平，等．矿井通风三维仿真系统设计与实现［J］．计算机工程与设计，2010，31（1）：199－202

马恒,贾进章,于凤伟.复杂网络中风流的稳定性[J].辽宁工程技术大学学报(自然科学版),2001,20(1):14-16

马云东,宋志,孙宝铮.矿井通风系统可靠性分析理论研究[J].阜新矿业学院学报,1995,14(3):5-10

毛善君,刘桥喜,马蔼乃,等."数字煤矿"框架体系及其应用研究[J].地理与地理信息科学,2003,(4):56-59

孟庆辉.基于无线网络煤矿地面风井风量监控系统的研究[D].淮南:安徽理工大学,2010

倪景峰.矿井通风仿真系统可视化研究[D].阜新:辽宁工程技术大学,2004

牛永胜,曹荣,陈学习,等.矿井通风三维可视化仿真系统的设计与实现[J].金属矿山,2007,(7):73-75

孙继平,宋秋爽.矿井通风、排水及压风设备[M].徐州:中国矿业大学出版社,2008

谭家磊.矿井通风系统评判及安全预警系统研究[D].青岛:山东科技大学,2005

唐泽圣,孙廷奎,邓俊辉.科学计算可视化理论与应用研究进展[J].清华大学学报(自然科学版),2001,41(4/5):199-202

唐敏.矿山巷道三维漫游研究及实现[J].黑龙江科技信息,2010,(4):38

王从陆,吴超.矿井通风及其系统可靠性[M].北京:化学工业出版社,2007

王从陆.复杂矿井通风网络解算及参数可调度研究[D].长沙:中南大学,2003

王军号.三维可视化技术在矿井通风节能系统中的应用研究[J].煤炭技术,2010,29(3):195-197

王伟.矿井通风信息管理及可视化技术研究[D].青岛:山东科技大学,2009

王孝东.基于三维可视化的复杂矿井通风系统研究[D].昆明:昆明理工大学,2010

王远广.煤矿通风系统改造[J].煤炭技术,2009,28(6):5-7

魏连江,王德明,王琪,等.构建矿井通风可视化仿真系统的关键问题研究[J].煤矿安全,2007,(7):6-9

魏引尚,常心坦,李如明.复杂通风系统的稳定性分析[J].西安科技学院学报,2003,23(2):119-122

吴海军,尚云杰,梅甫定.矿井通风系统仿真技术研究与应用[J].山东煤炭科技,2011,(5):209-210

吴丽春.矿井通风监测系统的研究与设计[D].长沙:中南大学,2012.

吴元宝.矿井通风网络解算和诊断的研究和实现[D].哈尔滨:哈尔滨工程大学,2005

吴中立.矿井通风安全[M].徐州:中国矿业大学出版社,1989

谢宁芳.通风专家3.0版主要功能及在矿山中的应用[J].矿业快报,2001,(13):33-37

谢贤平,冯长根,赵梓成.矿井通风网络模糊优化数学模型及其数值解法[J].中国安全科学学报,1999,9(6):23-28

徐瑞龙.通风网络理论[M].北京:煤炭工业出版社,1993

闫旭骞.可视化与虚拟现实技术及其在矿业中的应用[J].黄金,2003,24(8):26-28

易志根.矿井通风监控系统设计与开发[D].长沙:中南大学,2010

余伟伟.矿井通风信息处理系统中主要通风机优化选型模块开发[D].焦作:河南理工大学,2012

张国枢,谭允祯,陈开岩,等.通风安全学[M].徐州:中国矿业大学出版社,2007

张焕新.东风井主通风机在线监控研究与应用[J].煤炭技术,2009,28(1):37-38

张浪,王翰锋,王太尉.矿井通风系统仿真图形化建模[J].煤矿开采,2009,14(6):17-19

赵千里,刘剑,杨长祥.矿井通风网络角联风路自动识别与分析[J].安全与环境学报,2001,1(6):19-21

赵千里.金川矿井通风系统仿真及其应用研究[D].北京:北京科技大学,2007

赵兴元.保障掘进工作面通风安全的措施[J].煤矿安全,2009,(9):94-95

赵梓成. 矿井通风计算及程序设计 [M]. 昆明：云南科技出版社，1992
周本东. 基于 NET 的插件式 GIS 框架设计及应用 [D]. 郑州：郑州大学，2011
朱华新，魏连江，张飞，等. 矿井通风可视化仿真系统的改进研究 [J]. 采矿与安全工程学报，2009，29（3）：327－331
邹多生. 通风系统改造与网络优化研究 [D]. 福州：福州大学，2005
祖兆研. 基于插件技术的软件架构设计及应用 [D]. 南京：河海大学，2007